宇宙の「一番星」を探して

宇宙最初の星はいつどのように誕生したのか

谷口 義明 著

丸善出版

まえがき

あの日の一番星から、宇宙の一番星まで

　子供の頃、日が暮れるまで校庭で遊んだ帰り道、晴れていると僕らは目を凝らして夕闇が迫る空を見た。目的は1つだ。
「一番星、見ぃつけた！」
　この一言を、他の誰よりも先にいいたいからだ。

　まだ明るさを残す夕暮れの空に一番星を見つけるときにはスリルがある。どの方向を見たらよいか？　必死になって、暮れゆく空のあちこちに目をやる。そして目指す光芒（こうぼう）を見つけたときには、まさに小躍りするような高揚感に身を包まれたものだった。

　さて、このとき僕らが探していた一番星とは何だろう。暮れゆく空の中で、僕らが最初に星として認識するものだ。つまり、その日の夕方、一番明るく見える星が、夕空の背景光に打ちかって僕らの網膜に星として見えるものである。見かけ上明るい星（1等星）であることはまちがいない。そのため、一番星は季節によって変わる。春ならば、うしかい座のアークトゥルス、夏から秋ならば、こと座のヴェガ（織姫星）、わし座のアルタイル（彦星）、はくちょう座のデネブなど、そして冬ならおおいぬ座のシリウス、オリオン座のリゲルとベテルギウスといった1等星などが一番星の候補になるだろう。だが、金星、火星、木星、土星は1等星よりも明るいときが多いので、油断はできない。これらの惑星が夕方の空にあれば、一番星の栄誉は彼らの手に落ちるだろう。

では、どうして子供の頃、この一番星探しに心惹かれたのだろう。1つには『一番』という言葉の持つ意味への憧れだろう。誰しも、『一番』がいちばん好きなのだ。もう1つは『一番星』という言葉の持つロマンではないだろうか。『一番先に見える星』という意味合いでしかないのだが、なんとなく『一番先に生まれた星』という雰囲気を醸し出しているからだ。人は生まれ来るものに、畏怖と尊敬の心を抱く。
　"今夜、一番先に生まれた星を見たい"
　子供の頃、そう思って一番星を探していたような気がするのは、私だけではないだろう。

　さて、本書の主題『宇宙の一番星を探して』に話を移そう。テーマは、今夜見える一番星ではなく、宇宙の一番星である。つまり、この137億年の歴史を持つ宇宙の中で、最初に生まれた星を探そうという話である。もし、宇宙誕生後、わずか1億年の頃に宇宙の一番星が生まれていたとしよう。その星までの距離は136億光年彼方になる。宇宙の一番星を探すのはとてつもなく難しいのが現状だ。

　かくして
　宇宙の一番星を探せ！
という命題は、まさに現代天文学が抱えている重要な研究課題の1つなのである。

　私たちの住むこの宇宙は、"無"ともいうべき、真空の揺らぎから始まったと考えられている。真空のエネルギーは宇宙を一瞬のうちに指数関数的に大きくし（インフレーションと呼ばれる現象）、膨大な熱エネルギーを放出した。そのときの宇宙はまさに灼熱の火の玉（ファイアーボール）であり、ビッグバンとなって宇宙の膨張が始まったのである。

宇宙は膨張するにつれて、温度が下がり、やがてガスの雲をつくるようになる。（じつは、このガス雲の形成には、普通の物質より数倍高い質量密度を持つ暗黒物質が力を貸しているのだが）そのガス雲の中で、宇宙最初の星が生まれる。つまり、宇宙の一番星は銀河の種ともいうべき天体の中で産声をあげたはずなのだ。

　現在の理論予想では、銀河の種、すなわち宇宙の一番星ができたのは宇宙年齢が1億年から数億年の頃だと推定されている。少なくとも130億光年以上彼方の宇宙での出来事だ。宇宙の一番星を探すことは最果ての銀河を探すことに他ならない。生まれたての銀河（の種）だ。

　さあ、大変だ。天文学者は願う。
「宇宙の一番星、見ぃつけた！」
この一言を、他の誰よりも先にいってみたいと。

　本書では、この「宇宙の一番星、見ぃつけた！」ゲームの来し方行く末を紹介することにしよう。かくいう著者たちもこのゲームに参加している。今のところ勝者でも敗者でもない。勝者になる日が来るかどうかもわからない。
　だが、そんな個人的な勝敗などはどうでもよい。本書でこのゲームを進めることで、私たち人類の宇宙に対する理解が深まればよいからだ。このゲームの意味を理解しつつ、深遠な宇宙の神秘を垣間見ていただければ幸いである。

謝　　辞

　岡村定矩氏、吉田直紀氏、森正夫氏、梅村雅之氏、松田有一氏および国立天文台4次元デジタル宇宙プロジェクトの皆様に深く感謝いたします。また、図版の多くはNASA、国立天文台などの研究機関の優れた研究成果に基づくものを使わせていただきました。

　美しい風景写真は大西浩次氏、服部完治氏、山本春代氏、永田宣男氏、加藤詩乃氏、船橋弘範氏、二村明彦氏、安田幸弘氏からご提供いただきました。

　本書に登場する図版と可愛らしいイラストの数々は、斉藤綾一氏が作成してくださいました。また丸善出版株式会社の堀内洋平氏と米田裕美氏にはいろいろ御教示いただき、大変助けられました。

　以上の皆様に深く感謝いたします。

2011年10月

　　　　　　　　　　　　　　　　　　松山市文京町にて　　谷口　義明

目　　　次

第 1 章　夜空の星から天の川へ ………………………………… 1
　1-1　満天の星 ……………………………………………………2
　コラム 1　天文学における距離の単位：光年 ………………5
　1-2　星はなぜ光る ………………………………………………6
　1-3　星の誕生 ……………………………………………………9
　1-4　天の川 ……………………………………………………19
　コラム 2　等級 …………………………………………………23

第 2 章　天の川から銀河系へ ………………………………… 25
　2-1　天の川の形 ………………………………………………26
　2-2　渦巻星雲の謎 ……………………………………………28
　コラム 3　可視光と赤外線 ……………………………………33
　2-3　美しい銀河としての天の川 …………………………34
　コラム 4　天の川銀河の姿 ……………………………………36

第 3 章　銀河系から銀河へ …………………………………… 37
　3-1　アンドロメダ銀河 ………………………………………38
　3-2　銀河の世界も十人十色 …………………………………43

3-3 銀河に彩られた宇宙 ……………………………………… 47

第4章 銀河から宇宙へ ……………………………………… 57
4-1 宇宙の歴史と一番星 ………………………………… 58
4-2 ビッグバン宇宙論 …………………………………… 79
4-3 宇宙を操るもの ……………………………………… 82

第5章 宇宙から一番星へ ……………………………………… 89
5-1 銀河の誕生と宇宙の一番星 ………………………… 90
5-2 生まれたての銀河の肖像 …………………………… 94
  コラム 5　赤方偏移 z …………………………………… 98
5-3 ハッブル宇宙望遠鏡の挑戦 ……………………… 110
5-4 宇宙の一番星を探して …………………………… 121

索　　引 …………………………………………………………… 149

第1章

夜空の星から天の川へ

人は夜空を眺める
きらめく星々は何なのだろう
あの星空の向こうに何があるのだろう
答えはわからない
だが、人は夜空を眺める

(提供：大西浩次)

1-1　満天の星

★ 夜空に見えるもの

　中学生の頃、友人の影響で宇宙に興味を持つようになった。

　子供の頃は、夜は暗いので怖いと思っていたものだ。ところが、いったん宇宙に興味を覚えると、暗い夜も平気になった。満ち欠けする月にも関心を持つようになるのだから、やはり好奇心を抱くというのは、科学の入り口に立つという意味で重要なことなのだろう。

　昼間は太陽という星が空を支配しているが、夜は違う。夜空にはいろいろな天体があることを知ったのも中学生の頃だった。月は誰でも知っているが、太陽系内の惑星を意識して見ることは少ない。宵の明星、明けの明星。これは金星のことで、夕方あるいは明け方に明るく見えるので、宇宙に関心がなくても肉眼で見たことがある人は多いだろう。何しろ1等星より100倍も明るく見えるからだ。

　その他にも肉眼で見える惑星はいくつかある。水星、火星、木星、土星。じつは天王星もギリギリ肉眼で見えるくらいの明るさになることがある。

　惑星は自分自身のエネルギーで輝いているわけではない。それなのに明るく見えるのは、太陽の光を反射していることと、普通の星に比べて圧倒的に地球の近くにあるからだ。

　天体の明るさを表すとき、等級という単位を使う。数字が小さいほど明るいので、誤解を招きやすい。そこで、等級の定義をコラム2（23ページ）にまとめたので参考にしてほしい。

★ 満天の星

　月の見えない夜、空気のきれいなところで夜空を見上げると数えきれないほどの星が見える。実際には肉眼で見える星の数は約3000個である。私は

仕事柄、ハワイ島のマウナケア山の山頂で夜空を眺めることがある。標高4200メートルの高地で眺める夜空はまさに圧巻というしかない。天の川はまさに川のごとく見える。満天の星空というにふさわしい。

明るく見える星から、暗い星。夜空にはさまざまな明るさの星が見える。しかし、星の見かけの明るさは、まさに見かけの明るさであり、星本来の明るさに一意的に対応しているわけではない。同じ明るさ（光度）の星でも、遠くにあれば暗く見え、近くにあれば明るく見えるからだ。

夜空をよく見ると、星の色もさまざまであることがわかる。星の色は星の表面の温度に対応している。温度が高ければ青く見え、低ければ赤く見える。

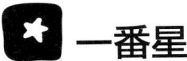 一番星

さて、夜空を眺めてみよう（図1-1）。

遊び疲れて校庭から我が家に帰る。小学生の頃、こうして夕方の空から夜空に変わる時を眺めながら家路を急いだ記憶がある。そんなとき、だいたい近所の友達と一緒だ。そうすると、始まる。一番星探しだ。誰が最初に見つけるか。皆、押し黙って黄昏の空を眺めまわす。そして、誰かが叫ぶ。

「一番星、見ぃつけた！」

この瞬間にゲームは終わる。皆、最初に見つけた友達の指さすほうを眺め、納得するからだ。なんともはかないゲームだ。

かくして、私も子供の頃に、この一番星探しゲームを友達と楽しんだ。なぜ、こんなたわいもないゲームが楽しいのだろう？　それは、ただ単に一番乗りをしたいだけの動機であることは間違いない。子供の心とはそういうものだろう。かけっこをすれば、やはり1等賞がほしいのだ。

この一番星探しは、その日の夕方最初に目につく星は何かということなので、まえがきにも書いたように、時期によって異なる。1等星であったり、金星などの惑星であったりするからだ。それらは基本的に、見かけの等級が明るいということで、その日の一番星の栄誉を得ている。しかし、宇宙の中で一番明るいとか、一番最初にできたとか、そういう種類のものではない。

⭐ 宇宙の一番星

　ここでは、天文学の観点から一番星を考えてみよう。天文学者が思い抱く一番星は

★
「宇宙の一番星」

のことだ。宇宙は有限の年齢を持っている。現在、宇宙年齢は137億歳だと見積もられている。宇宙誕生のとき、星や惑星などの天体と呼べるようなものは一切なかった。つまり、あるとき、宇宙で最初の星がどこかで誕生したことになる。それこそが宇宙の一番星のはずだ。いったい、いつ、どこで生まれたのだろう。天文学者が見てみたい一番星は、その宇宙の一番星であることは間違いない。

　本書では、この宇宙の一番星の探し方について考えてみることにしよう。長い長い旅の始まりだ。しばしおつきあい願いたい。

図 1-1
ヘールボップ彗星が見えた夜空
（提供：山本春代）

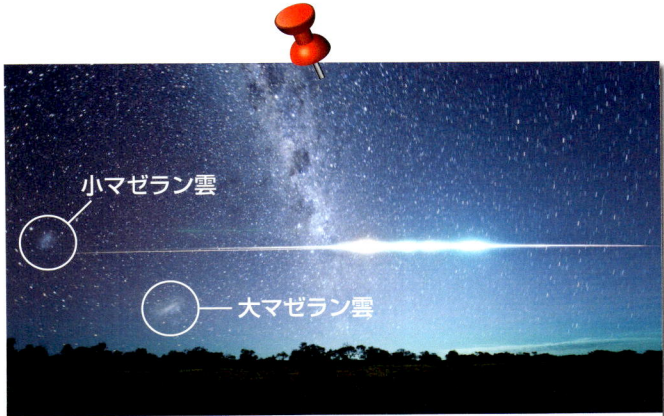

図 1-2
はやぶさの燃え尽きた夜空
はやぶさは JAXA の打ち上げた小惑星イトカワの物質を持ちかえる（サンプル・リターン）ミッション。幾多の苦難を乗り越え、7 年の歳月をかけて地球に戻ってきた。そのフライトは 60 億キロメートルにも及んだ。日本の衛星技術の高さを証明した、歴史に残るミッションとなった。

はやぶさ本体は大気圏突入で燃え尽き、その明るさは満月の 2 倍にもなったという。サンプルの入ったカプセルは無事に回収され、イトカワの物質を調べて太陽系の起源を探る研究が行われる予定だ。

左に見える淡い星雲のような構造は、左上が小マゼラン雲で右下が大マゼラン雲。撮影場所はオーストラリアで、撮影日は 2010 年 6 月 13 日。
（提供：大西浩次）

コラム 1　天文学における距離の単位：光年

1 光年 ＝ 光が 1 年間に進む距離

（A）1 年 ＝ 365 日 × 24 時間 × 3600 秒 ＝ 3153 万 6000 秒

（B）光の速度 ＝ 30 万 km / 秒

1 光年 ＝ （A）×（B）＝ 9.46 兆 km

1 パーセク（pc）という単位も使われる。これは 3.26 光年に相当する。

1-2　星はなぜ光る

 太陽を見る

　さて、星とは何だろう？　太陽も星の1つだ。ただ、太陽はあまりにもまぶしく、太陽を見て星が何であるかを理解するのは難しい。太陽は丸く見えるので、おおむね球の形をしていることは想像できる。

　では、太陽は何でできているのだろうか？　木や石でできているわけではない。じつは、太陽はガスの塊にすぎない。

　太陽の成分は質量比でいうと、水素が70％、ヘリウムが28％、そしてそれ以外の重い元素（重元素）が2％だ。かなり偏った元素分布をしている

波長帯（バンド）	説明	重心波長（ミクロン）
U（Ultraviolet）	近紫外	0.36
B（Blue）	青	0.44
V（Visual）	可視	0.55
R（Red）	赤	0.70
I（Infrared）	可視−赤外	0.90
J	近赤外	1.25
H	近赤外	1.60
K	近赤外	2.20
L	近赤外	3.40
M	中間赤外	5.00
N	中間赤外	10.2
Q	中間赤外	22

可視光から赤外線帯の測光波長帯
[1ミクロン（μm）= 10^{-6} m]

ことに驚く。しかし、これは私たちの住む宇宙自身がデザインしたことで、これが自然な姿なのだ。一方、地球は岩石でできた惑星なので、元素の組成比は太陽と全く異なっているのだ。

★ 星の中の原発

太陽の輝きの源泉は熱核融合（原子核反応）である。太陽の中心領域は高温・高圧の原子炉になっている。ただ、人類の使っている原子力発電所とは違い、ウランやプルトニウムなどは使わない。豊富な水素原子核（陽子）をヘリウム原子核（陽子2個と中性子2個からなる）にする熱核融合を起こす。この中心部にある原子炉は太陽自身のガスの重力で抑え込まれていて、きわめて安定している。さすが、星の世界は人間界とはひと味違う。

なぜ違うのか、人類の開発した原子力発電所を考えてみるとわかりやすい。原子力発電所と聞いて、私たちが思い浮かべる元素は何だろう。水素だろうか？　それは違う。ウラン、プルトニウムなど、何だかなじみのない元素の名前が思い浮かぶ。ウランの原子番号は92番、そしてプルトニウムのそれは94番だ。水素は？　何と1番！　まさに、大きな違いがある。

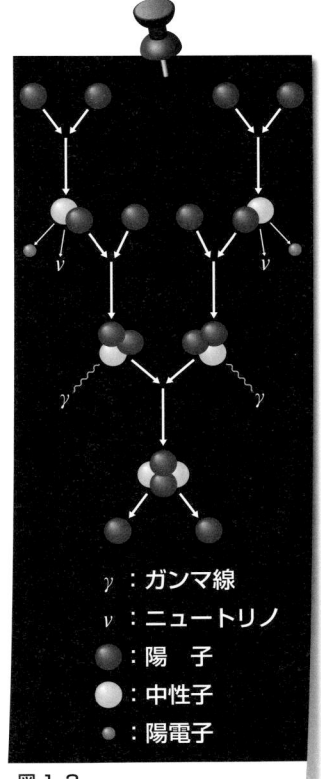

図1-3
水素原子核からヘリウム原子核
への熱核融合

人類の開発した原子力発電は、ウランやプルトニウムなどの放射性物質が核分裂するときに出てくるエネルギーを利用する。一方、星の内部で水素原子核をヘリウム原子核にする反応は熱核融合（図1-3）と呼ばれ、放射性物質を使うわけではない。星が熱核融合の道を選んでいるのは自然の摂理

だ。星は何しろ重い。その重力で星の中心部に熱核融合が起きるような高温（1000 万 K）・高圧（2000 億気圧）状態を苦もなく実現しているのだ（0 K［ケルビン］＝－273 ℃）。

熱核融合

　さて、星の内部で起こっている熱核融合では、水素原子核（陽子＝プロトン）を 4 個融合して、ヘリウム原子核 1 個をつくる反応が起こる。ヘリウム原子核は 2 個の陽子と 2 個の中性子からなる。つまり、

　4 個の陽子 → 2 個の陽子と 2 個の中性子

に変換される。これは陽子と陽子が反応してすすむ核融合なので、プロトン–プロトン・チェーン・リアクションと呼ばれる（略して p–p チェーンと呼ばれる：図 1-3）。

　陽子と中性子の質量は微妙に違い、中性子のほうがやや重いが、陽子と中性子が結合するときにエネルギーを失う。そのため、この熱核融合を通じて、わずかだが質量（Δm）が失われる。質量欠損と呼ばれる現象だ。

立山の天狗平から見た、富山湾に沈む夕陽。
（提供：服部完治）

　陽子とヘリウム原子核の質量を m_p と m_{He} とすると、

$$4 m_p - m_{He} = \Delta m$$

となる。この質量欠損分の質量に c^2 をかけたものがエネルギーとして放出される。

　この Δmc^2 のエネルギーは波長の短い電磁波であるガンマ線として放射される。ガンマ線は星の内部のガスに吸収され、ガスの温度を上げるのに使われる。そのため、星の内部はとてつも

なく高温になる（1000万Kを超える）。この熱が熱伝導や対流を通して、星の表面に運ばれる。

太陽の場合は、このおかげで表面温度が 6000 K の温度になっている。この熱放射のピークはちょうど可視光帯になる。そのため、私たちは太陽表面から放射される熱放射の恩恵を受けて、生命活動を維持しているのだ。ありがたい話である。

1-3　星の誕生

 星の中身

ここまででわかったことは、

・星はガスの塊

であるということだ。つまり、星をつくるにはガスの雲があればよいことになる。

ガスの雲の運命はおおむねガス自身の重力で決まる。密度の高いところができれば、その場所の重力が強くなり、周りのガスを集める。ガスを集めると重くなる。そのためさらにガスを集める。そうこうしているうちにガスはガス球の中心に向かって収縮し、その中心部の温度と圧力が上昇していく。水素原子核をヘリ

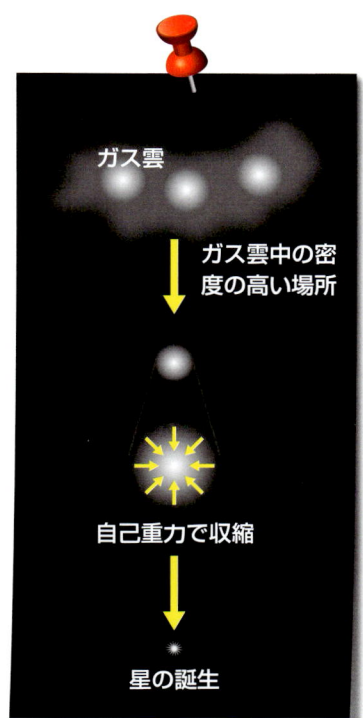

図 1-4
星の誕生
ガス雲の中の密度の高い場所にガスが集まり、自己重力で収縮する。中心部で水素原子核をヘリウム原子核に熱核融合しはじめると、星が誕生する。

ウム原子核に熱核融合できるまで高温・高圧になると、星として輝き出す。これが星の誕生だ（図 1-4）。

星を育むもの

星はガスでできている。そのため、星が生まれるには大量のガスがなければならない。ガスの雲なので、ガス雲と呼ばれる。

では、星を生み出すガス雲とはどんなものだろう。星は宇宙の中で勝手に生まれてくるものではない。太陽も虚空にぽかんとできた星ではない。星々は、銀河と呼ばれる大きな重力系の中で生まれる。銀河については次節と第2章で述べるので、ここでは宇宙にはたくさんの銀河があり、それらの中で星々が生まれてきたことを、とりあえず受け入れていただくことにしよう。

銀河の中には、じつはさまざまな性質を持つガスが混在している。おおまかに分類すると次のようになる。

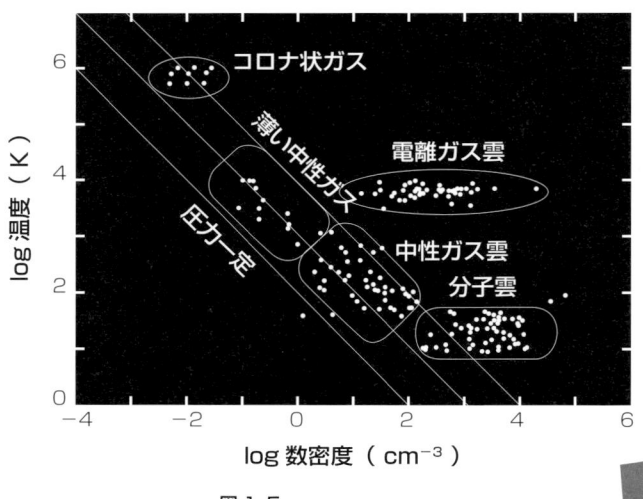

図 1-5
銀河の中のさまざまなガス雲
左上から右下に示した3本の直線は、圧力一定の関係を示すために引かれたものである。

- 温度が100万Kもある高温ガス
- 温度が100Kから1000Kの温かいガス
- 温度が10K程度の冷たいガス

温度に着目すると、なんと5桁もの差がある。このように多様なガスが銀河の中に混在しているとは驚きでもある。

　なぜだろう？　そんな素朴な疑問が湧いてくる。じつは、これには秘密がある。それぞれ、密度も大きく異なるのだ（図 1-5）。

　細かいことはさておき、3種類のガスの性質を、水素原子の立場から見てみることにしよう。水素原子は陽子と電子が結びついたものだ。これを3種類のガスの環境に置くとどうなるだろうか？　だいたい想像はつくだろうが、次のようになる（図 1-6）。

- 温度が100万Kもある高温ガス → 電離して陽子と電子になっている
- 温度が100Kから1000Kの温かいガス → 中性水素原子になっている
- 温度が10K程度の冷たいガス → 水素分子になっている

　ここで、星をつくることを考えてみよう。星はどのようなガスからできるのだろうか？　今見てきた3種類のガスのうち、星を育むのに最も適したガスはどれだろう？　3択問題だ。

　高温のガスはどうだろう？　ちょっと難しそうな気がする。なぜなら、温度が高いということは、熱エネルギーが大きいことを意味する。当然だが運動エネルギーも大きい。そんな、やんちゃなガスを手なずけて星になりなさいというのは

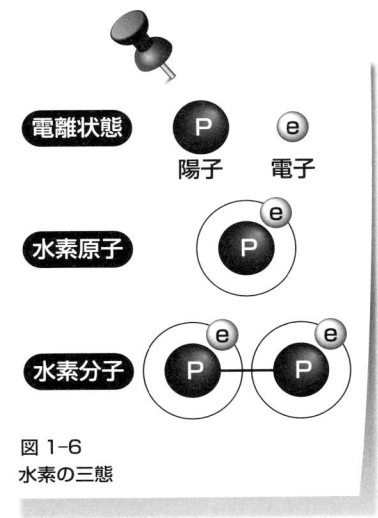

図 1-6
水素の三態

無謀だろう。

次に、100 K から 1000 K の温かいガスはどうだろう？ 高温のガスよりはよさそうだが、どうせならもっと冷たいガスのほうが適しているだろう。

そう考えると、やはり、冷たくておとなしいガスを利用するほうが自然に思える。この考えは正しい。実際、星は冷たい分子ガス雲の中で育まれているのだ。

オリオン大星雲

百聞は一見に如かず。星が生まれている現場を見てみることにしよう。まずは、オリオン大星雲だ。太陽系からの距離は1500光年。遠いといえば遠いが、銀河系の中の星雲としては非常に近い距離にある星雲であることは間違いない。何しろ、よく晴れた冬の空、街灯の明かりに邪魔されなければ、肉眼で見ることができるほど明るいのだ。私も大好きな星雲だ。

まずは、その姿を見てみよう（図 1-7）。まるで、鳥が翼を広

図 1-7
オリオン大星雲（可視光で撮影）
(NASA, ESA, M. Robberto (STScI/ESA) and the HST Orion Treasury Project Team)

図 1-8
オリオン大星雲（赤外線で撮影）
(NASA, ESA, T. Megeath (University of Toledo) and M. Robberto (STScI))

げているようにも見える。もちろん、たまたまそう見えるだけなのだが、自然の造形美にはいつも感心させられる。図 1-7 の写真は可視光で撮影したものだが、全体に赤っぽく見えている。オリオン大星雲からの放射は、そのほとんどが電離ガスからの放射である。その中で、水素原子の再結合線である Hα 輝線が最も明るく輝いている。Hα 輝線の波長は 656.3 ナノメートルなので、色でいうと真っ赤になる。そのため、全体に赤く見えている。

次に、オリオン大星雲を赤外線で見てみよう（図 1-8）。図 1-7 と比べると、可視光で見えている範囲の外側にぼうっと光る構造がある。これは電離ガスではなく、オリオン大星雲にある星々の放射で温められた塵粒子（ダスト）が輝いているものだ。見る波長を変えると、天体の姿は往々にして変化することに注意しよう。

✨ オリオン大星雲と分子ガス雲

今度はもう少し大きなスケールでオリオン大星雲を見てみよう。図 1-9 は、オリオン座全体の写真の中で、オリオン大星雲がどこにあるかを示したものだ。オリオン座は明るい星が多いので、冬の夜空に簡単に見つけられる星座だ。私は北海道の旭川出身なので、オリオン座を見ると、凍てつく冬の夜を思い出す。

それでも、冬のオリオンはあくまでも美しい（図 1-9）。オリオンのベルトにあたる三ッ星の下を見ると、淡い星雲があることに気がつく。それが、オリオン大星雲だ。私は夜空にきらめく星も好きだが、淡く、そこはかとなく輝く星雲も大好きだ。その中でもオリオン大星雲は別格の存在ともいえる。

では、オリオン座の方向を分子ガスの観点から見たらどうなるだろう。分子ガスでできた雲は星が生まれる場所だ。その姿が、図 1-9（右の図）だ。オリオンの星座を形づくる星々とは全く無関係に、ひょろ長い分子ガス雲が南北方向に伸びていることがわかる。よく見ると、オリオン大星雲のあるところが、分子ガス雲の密度が高いことがわかる。これこそが、

・星は分子ガス雲の中で生まれる

ことを意味しているのだ。オリオン大星雲の左下側に分子ガス雲が伸びているということは、これらの分子ガス雲の中で、これから星が生まれることを意味している。

馬頭星雲と分子ガス雲

　また、三ツ星の左端の星の近くにも分子ガス雲があることがわかる。じつは、ここにも有名な星雲がある。それは馬頭星雲と呼ばれるものだ（図1-10）。馬頭星雲はオリオン大星雲とは根本的に異なる見え方をしていることに注意する必要がある。なぜなら、オリオン大星雲の姿は電離ガスの放射領域が見えているのに対し、馬頭星雲は明るい背景光の中にシルエットとして見えているからだ。まるで、ポジとネガのような関係だ。馬頭星雲のような星雲は、星雲の姿が暗く見えるので、暗黒星雲と呼ばれている。

ガス星雲と暗黒星雲

　では、ガス星雲と、馬頭星雲のような暗黒星雲は、別種の星雲なのだろうか？　確かに、ガス星雲でもオリオン大星雲のように電離ガス雲が支配的で自ら可視光線を放射しているものは、暗黒星雲のように観測されることはない。しかし、オリオン大星雲や馬頭星雲の背後にある分子ガス雲の場合、見る方向によって分子ガス雲として観測されたり、暗黒星雲として観測されたりする（図1-11）。つまり、両者は同じ性質のガス雲だが、見方の差で性質が異なっているように見えてしまうのだ。

　分子ガス雲の中には可視光線を吸収する塵粒子（ダスト）もたくさん含まれている。ダストの総質量はガス雲の質量の1％ぐらいもある。分子ガス雲の背後に明るい放射源が背景光としてある場合、分子ガス雲の中に含まれているダストが背景光を吸収してしまうので、暗く見える。つまり、分子ガス雲がシルエット、すなわち暗黒星雲として見えてしまう。ところが、背景

光がなければ、私たちはそこに普通の分子ガス雲を見ることになる。

イーグル（鷲）星雲

　オリオン大星雲も鳥のように見えたが、もう1つ鳥のように見える美しい星雲がある。それがイーグル（鷲）星雲だ（図1-12）。M16という名前でも知られる。星雲の全体像を見てみると、確かに鷲の姿をほうふつさせる。星雲の中心付近を見てみると、なんだか不思議な構造をしたものがある。それをハッブル宇宙望遠鏡で撮影した姿を図1-12に示した。まるで、ニョキニョキと雲が湧くような構造をしている。これらも暗黒星雲の範ちゅうに入る。

　周辺にある星々からの照射で、密度の薄いガスが壊され、密度の高い分子ガス雲だけが取り残されたため、このような煙突構造をしている。煙突の先端部分では密度の高い場所があり、そこではまさに星が生まれつつある。

　この煙突構造の左側にも、似たような構造がある（図1-13）。1つの星雲の中でも、密度の揺らぎがあり、複雑な構造を形成していることがわかる。だが、1ついえることがある。星の誕生現場は美しいということだ。

星の誕生過程

　ここまで、星を育む分子ガス雲や、星の誕生現場である星雲の姿を見てきた。せっかくなので、星の誕生過程を整理しておくことにしよう。

(1) まず、冷たい分子ガス雲ができる。大きさは数光年から数十光年もある、巨大な分子の雲だ。
(2) 分子雲には密度の高い場所がある。そこは周辺に比べて重力が強いので、周りのガスを集めて、だんだん質量を増やしていく。
(3) 質量の増加で、その領域は自分自身の重力（自己重力と呼ぶ）で、収縮していく。その際、角運動量（回転する能力のこと）を持っているので、分子ガスの円盤をつくりながら収縮していくことになる。

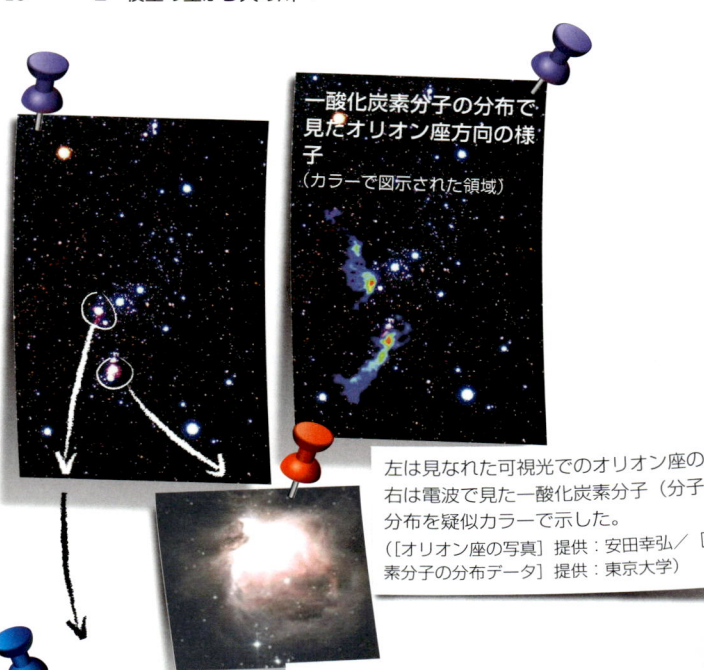

左は見なれた可視光でのオリオン座の姿だが、右は電波で見た一酸化炭素分子（分子雲）の分布を疑似カラーで示した。
（[オリオン座の写真] 提供：安田幸弘／[一酸化炭素分子の分布データ] 提供：東京大学）

図 1-9
オリオン大星雲
（提供：東京大学天文学教育研究センター木曽観測所）

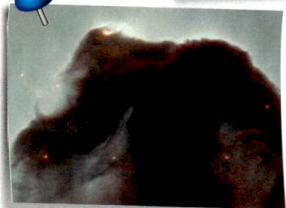

図 1-10
馬頭星雲
(NASA, NOAO, ESA and The Hubble Heritage Team (STScI/AURA))

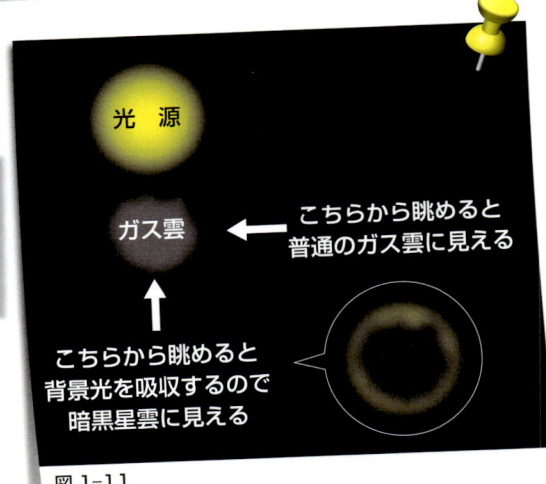

図 1-11
ガス星雲と暗黒星雲

1-3 星の誕生

図 1-12
イーグル（鷲）星雲の中の煙突構造
太陽系からの距離は 5500 光年
(NASA, ESA, STScI, J. Hester and P. Scowen (Arizona State University))

イーグル（鷲）星雲——M16
(T. A. Rector and B. A. Wolpa, NOAO, AURA)

図 1-13
イーグル（鷲）星雲の中で、
図 1-12 とは違う場所にある煙突構造
(NASA, ESA, and The Hubble Heritage Team (STScI/AURA))

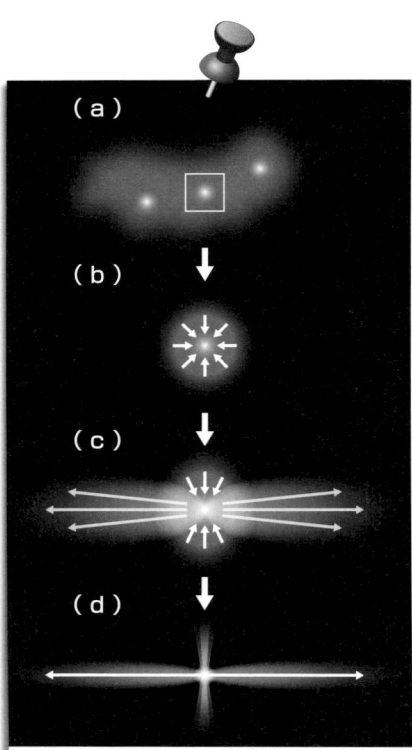

図 1-14
星の誕生過程
冷たい分子ガス雲の中で、密度の高い場所が周りのガスを集め、自己重力で収縮する。このとき、ガスは角運動量を持っているので、円盤((d)の縦に伸びる構造)をつくりながら収縮する。ガスが持ち込んだ角運動量を逃がすために、円盤と直交する 2 方向にガスを噴き出す(双極流と呼ばれる)。(平野尚美提供の図を改変)

(4) 中心部はさらに収縮し、中心部の温度と圧力が上昇していく。熱核融合が発生する条件を満たしたとき(温度 = 約 1000 万 K、圧力 = 2000 億気圧)、そのエネルギーで輝き出し、星が誕生する。

ここまでの様子を図 1-14 に示した。

しかし、これだけでは終わらない。まだ星の周辺部に回転するガス円盤があるからだ。そこは、惑星誕生の現場になる。

(5) 星の周辺部には回転するガス円盤があるが、重力の効果でだんだん薄い円盤になっていく。ガス円盤に含まれているダストはぶつかり合いながら合体し、成長していく。ダストの塊が自分の重力で球形に近づいたものが惑星となる。それ以外のダストの塊は、円盤の中を回る微惑星となる。

ざっと、こんな感じである(図 1-15)。

単なるストーリーのように思われるかもしれないが、オリオン大星雲の中に発見された星の周りのガス円盤を見てみよう(図 1-16)。背景光の中にシ

ルエットとして星の周りのガス円盤が見える。ガス円盤の中にあるダストが背景光を吸収しているのだ。したがって、このように見える原理は暗黒星雲と同じだ。かすかだが、円盤の中にある星も見えている。まさしく、理論の予想通りだから驚く。

　こうして、太陽や地球などの惑星が生まれたのである。もちろん、すべての星の誕生過程がそうだというわけではない。連星として生まれるものもあれば、もっと大規模に星団として生まれることもあるからだ。ただ、分子ガス雲の中で星が生まれるのは、いずれの場合でも確かだ。何しろ、星はガスの塊なのだから。

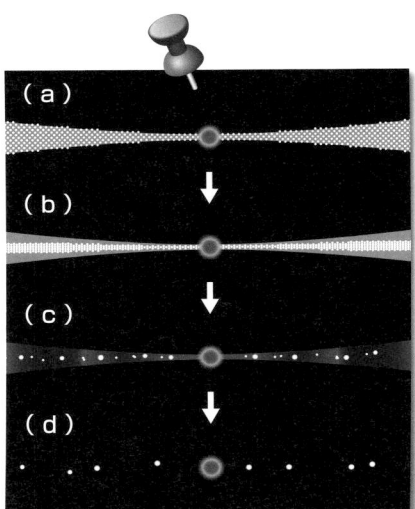

図1-15
惑星の誕生
図1-14の最後の図を90度傾けてみたものが（a）に相当する。円盤の中央面にガスが落ち着いていき、密度が高くなる。そこで、岩石が衝突しながら、惑星が生まれる。
（平野尚美提供の図を改変）

1-4　天の川

　今まで見てきたように、星の誕生は劇的である。1つひとつの星にそれぞれ誕生のドラマがあったはずだ。そう思って夜空を眺めると、やはり息を飲む。そこにたくさんの星々が見えるからだ。

　特に夏の夜空は豪勢である。何しろ、天の川がくっきりと見えるのだ（図1-17）。

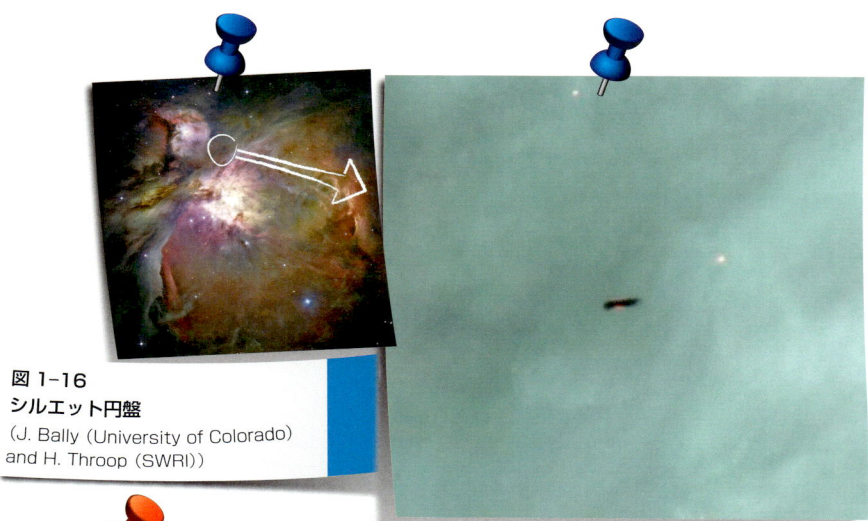

図 1-16
シルエット円盤
(J. Bally (University of Colorado) and H. Throop (SWRI))

図 1-17
ニュージーランドのテカポ島で眺めた天の川
左には大マゼラン雲と小マゼラン雲が見えている。銀河系のお伴をしている銀河たちだ。
(提供:船橋弘範)

図 1-18
ガリレオ・ガリレイ
(1564-1642)

★
荒海や　佐渡に横たふ　天の川

　俳人、松尾芭蕉でなくても、私も思う。夏の夜空に浮かぶ天の川は美しいと。だが、天の川を見て、私たちの住んでいる正しい宇宙の姿を想像できるだろうか？　それは難しい。

　私たちが日常生活を送るうえで、宇宙に住んでいることを意識することはない。うっかりすると、地球に住んでいることも意識しないのだから当然だ。現代人は特にそうかもしれない。インターネットと携帯電話に縛られ、ゆっくり考える暇もない。

　だが、昔の人は違った。とにかく時間だけはあったからだ。テレビもない。本もない。知識もない。だから、考えた。あるいは議論した。私たちはどこに住んでいるのか、と。宇宙の探求は、このような古代人の素朴な疑問から出発していることは間違いない。

ガリレオの挑戦

　今から約400年前（1609年）、1つの出来事があった。それは、ガリレオ・ガリレイ（図1-18）が初めて望遠鏡で宇宙を眺めたことだ。レンズの口径4センチメートル。今の望遠鏡と比べれば、おもちゃのような望遠鏡だった（図1-19）。しかも、正立像を得るための光学系を採用したため、視野は狭く、天体の観測は難しかったはずである。しかし、肉眼から望遠鏡への飛躍ははかり知れないものがあった。

　完全無欠の球だと思われていた月には、クレーターがあり、複雑怪奇な表面をしていた。金星は満ち欠けをする。木星にはその周りを回るお伴の衛星がある。土星には耳がある（土星の環のことだが、ガリレオの望遠鏡では解像度が悪く、土星に耳があるようにしか見えなかった）。

　そして、ガリレオは天の川も見てみた。そこは無数の星があるように見えた。天の川が星の大集団であることがわかった瞬間だ。

人間の瞳は口径7ミリメートルの双眼鏡だ。ガリレオの望遠鏡は口径が4センチメートル。何のことはない、人間の目の7倍の口径を実現しただけだったのだ。しかし、集める光の量は口径の2乗に比例して多くなるので、33倍にもなる。これは4等級暗い天体まで見えることを意味する。

　ガリレオの挑戦はわずかなステップのようにも思える。だが、そこに大きな技術革新があったのだ。

　だが、天の川が星の大集団であることがわかっても、人類が宇宙を理解したことにはならない。

・いったい私たちの住む宇宙はどのようなものなのか？
・その中で、太陽系はどこにあるのか？

　宇宙の全体像を把握し、自分たちの位置を確認する。これがきちんとできないうちは、私たちが宇宙を理解できたとはいえない。

図 1-19
ガリレオの望遠鏡

コラム2 等級

1) **見かけの等級（m）**：こと座のα星（ヴェガ、織姫星）の見かけの等級を各波長帯（バンド）で0等級とするシステム。ちなみに550ナノメートルでの放射強度は3.4×10^{-9} erg/cm^2・秒・Å

［1ナノメートル(nm) = 10^{-9}メートル、1エルグ(erg) = 10^{-7}ジュール、1オングストローム（Å）= 10^{-10}メートル（= 10^{-8}センチメートル）］

等級の差：明るさが1等級暗くなると明るさは1/2.5になる（正確には1/2.512）。たとえば、Vバンドでの明るさが20等級の場合は$V = 20$と表す。等級は数字が小さいほうが明るいので、混乱しないよう注意してほしい。

2) **絶対等級（M）**：天体を10パーセクの距離においたときの明るさを絶対等級Mとする。見かけの等級mとは次式の関係がある。

$$M = m - 5\log(D/10)$$

ここで、Dはパーセク単位で測った銀河までの距離。この式を

$$m - M = 5\log(D/10)$$

と変形すると、見かけの等級と絶対等級の差が天体までの距離に一意的に対応する。そのため$m-M$は距離指数とも呼ばれる。

3) **等級と光度の関係**：見かけの等級は、測定された放射強度fと

$$m = -2.5\log f + 定数$$

という関係で結びつけられる。定数はどのような等級基準をとるかで決まる。

これと同様に、絶対等級は天体の光度Lと

$$M = -2.5\log L + 定数$$

という関係にある。太陽の場合にも

$$M_\odot = -2.5\log L_\odot + 定数$$

という関係がある。$M_\odot$はここでは太陽の絶対等級だが、太陽質量と同じ記号なので注意してほしい。これら2式を差し引くと

$$M - M_\odot = -2.5\log(L/L_\odot)$$

となり、これを変形すると

$$L/L_\odot = 10^{-(M-M_\odot)/2.5}$$

を得る。

1　夜空の星から天の川へ

沈む北斗に桜が映える。
宇宙の一番星はどこにあるのだろう？
果たして、私たちはその姿を見ることができるのだろうか？
（提供：永田宣男）

第2章

天の川から銀河系へ

夏の夜、家路を急ぐ
ふと夜空を見上げると天の川が見える
不思議な光景だ
どうして夜空に明るく見える場所があるのだろう
おそらく、昔の人もそう思っていただろう
しかももっと不思議なことがあるのだ
冬の夜、天の川は見えない
このことから自分たちが銀河と呼ばれる
巨大な構造に住んでいることを理解した人は
どれほどいたのだろう
私も学校で習わなければ
今でもそのことに気がついていなかったはずだ
人類は偉大だ

（提供：加藤詩乃）

2-1 天の川の形

⭐ 天の川の正体

　千里の道も一歩から。まずは、ガリレオが星の大集団だと見抜いた、天の川の構造をきちんと理解しなければならない。その礎となった偉大な研究はウィリアム・ハーシェルによってなされた（図2-1）。

　ハーシェルは望遠鏡の製作でも才能を発揮し、当時世界最大の反射望遠鏡まで仕上げた人だ（口径1.26メートル；図2-2）。

　彼は天王星の発見者としても名をはせたが、妹のカロラインと一緒に天の川の地図づくりを行ったことで、天の川の理解に大きな貢献をした。18世紀末のことだ。ガリレオの挑戦から、なんと200年弱も経過した頃の話だ。

　彼らがこの仕事に用いた望遠鏡は口径0.5メートルの反射望遠鏡だった。口径1.26メートル（図2-2）の望遠鏡のほうが暗い星まで見ることができるが、視野は狭い。そのため、天の川の星々の分布を調べるには、口径0.5メートルの反射望遠鏡のほうが都合がよかったのだ。

　彼らのとった戦略はスターカウント（星の計数）と呼ばれるもので、空の単位視野あたり、何個の星が見えるかを数えていく方法である。イギリスから見える天の川は、天の川全体の半分程度だが、それでも大変な作業であることは想像に難くない。そして、彼らは人類初の天の川の地図をつくり上げた（図2-3）。

　ずいぶんいびつな形をしているが、これは暗黒星雲による吸収の影響が反映されたものだ。暗黒星雲は密度の高いガス雲でダストもたくさん含んでいる。それらのダストが、背後からやってくる光を吸収してしまうため、そこには何もないかのように見える。あたかも、黒く穴が開いたように見えるので暗黒星雲と呼ばれるようになったものだ。

　ハーシェルは太陽が他の星々に対して相対的に運動していることを見抜い

2-1 天の川の形　　27

図 2-1
フレデリック・ウィリアム・ハーシェル
（1738-1822）

図 2-2
ハーシェルの製作した、当時世界一の反射望遠鏡
（口径 1.26 メートル）

図 2-3
ハーシェル兄妹がつくり上げた天の川の地図

ていたが、太陽は天の川のほぼ中心に位置していると考えたようだ。これは、やはり自分たちは宇宙の中で特別な位置にいるという信仰的な要素によるものかもしれない。

そして、彼は天の川の大きさを約6000光年と見積もった。現在知られている天の川の大きさである10万光年から比べると、ずいぶんと過小評価をしたものだ。ただ、銀河の厚みは現在の測定値通りである1000光年と見積もったことは驚嘆に値するだろう。

18世紀、天の川や星、そして星の光を吸収する星間ガス（ガスとダストからなる）の理解は非常に不十分なものだった。また、ハーシェルは天の川を全部見通しているとも思っていた。実際に私たちが見ている天の川は、太陽系の近くの数百光年から数千光年以内の星々でしかない。このような原因で彼は天の川の大きさを過小評価したのだ。だが、当時の宇宙の研究状況を考えると、それも無理のないことだった。

ハーシェルが天の川の構造を調べるのに採用したスターカウントという研究手法はその後も長い間使われた。時の流れとともに観測精度が上がり、また星や星間ガスの性質がわかるにつれ、人類の天の川の理解が深まったのはいうまでもない。そして、ハーシェルが現代天文学の礎を築いた偉大な天文学者の一人であることも間違いない。

2-2　渦巻星雲の謎

渦巻星雲の正体

天の川には無数の星がある（実際には無数ではなく1000億個から2000億個の星がある）。そして、私たちは天の川に住んでいる。見たところ、こ

図 2-4
アンドロメダ銀河
（提供：東京大学天文学教育研究センター木曽観測所）

の天の川が私たちの住処であり、全宇宙であるように思える。これが 19 世紀までの宇宙観だった。

　ところが、20 世紀になると、天の川の立場は大きな変更を受けることになった。天の川は宇宙の中にある 1 つの銀河であり、天の川と同様な銀河が宇宙には多数あることがわかったからだ。

　当時、世界中の天文学者の 1 つの関心事は

・渦巻星雲とは何か？

という問題だった。天の川の中に見える星雲や、冬の夜空に見えるオリオン星雲などの星雲の他に、渦巻星雲と呼ばれるものがあった。アンドロメダ星雲（天の川の中にある星雲の1つだと考えられていたので、この名前がある）はその代表格だ（図 2-4）。渦巻星雲はどうも回転しているらしい。しかも、その回転速度は秒速 100 キロメートルを超えているようだ。このような星雲が果たして天の川の中にあるものだろうか？　ひょっとしたら、天の川の遥か外側に位置する天体ではないのか？　そういう疑問が湧き上がっていた。

　問題は当時の天体観測の精度があまりよくなかったことだ。そのため、大きな回転速度は本当なのかどうかも、確認がなかなか難しい時代だったのだ。そうなると、議論はなかなか収束しない。そんな中、渦巻星雲の正体について大論争が繰り広げられた。

　その大論争は当時の学会の権威であったハーロー・シャプレイとヒーバー・カーティスの間で繰り広げられた。『宇宙の大きさ』と題された公開討論会が 1920 年の春に開催された。2人の説をまとめると、次のようになる（図 2-5）。

・シャプレイの説：銀河系の大きさは直径約 30 万光年であり、
　渦巻星雲は銀河系内にある星雲である

・カーティスの説：銀河系の大きさは直径約 2 万光年であり、
　渦巻星雲は銀河系に匹敵する他の銀河である

　正確にいうと、じつは2人とも間違った説を唱えていた。なぜなら、銀河系の大きさは 10 万光年だからだ。彼は銀河系の大きさを過小評価していた。しかし、渦巻星雲が銀河系と同様な銀河であると主張したカーティスのほうに軍配が上がるだろう。

　銀河系は1つの宇宙である。どうもこの考え方から脱却できていなかったので、渦巻星雲も1つの宇宙であると見なされた。つまり、広大な空間

2-2 渦巻星雲の謎   31

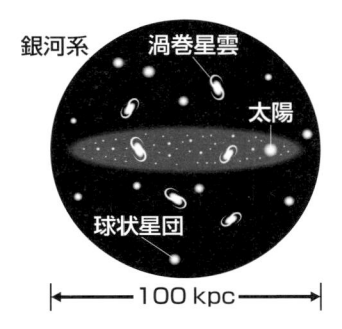

シャプレイの宇宙像
渦巻星雲は銀河系の中にある。

カーティスの宇宙像
渦巻星雲は銀河系の外にある。

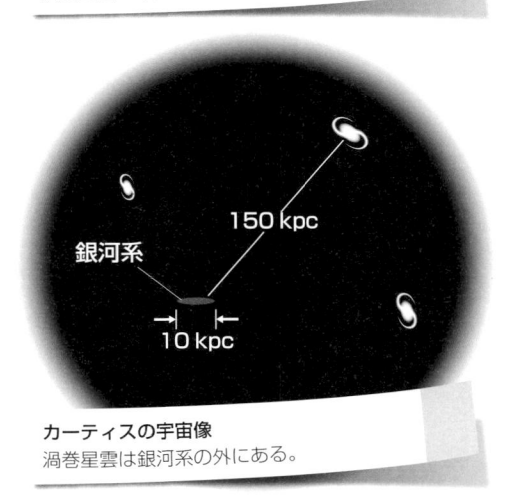

図2-5
大論争での2つのアイデア

に"島"のように宇宙が浮かんでいるという描像になった。そのため、しばらく銀河のことを島宇宙と呼ぶ時代が続いた。もちろん、今ではそのような呼び方はしない。たくさんの銀河を内包する広大な空間が宇宙であることを知っているからだ。

　この大論争に決着をつけたのがエドウィン・ハッブルだ。彼は、アンドロメダ銀河の距離を約100万光年と見積もった。じつは、これは誤りだったのだが（現在では約250万光年と評価されている）、とにかくオーダーとしては100万光年という距離を導き出した。銀河系の大きさは10万光年なので、アンドロメダ星雲は銀河系の外にあることがわかったのだ。

・アンドロメダ銀河は独立した巨大な星のシステムである　★

　ようやく、アンドロメダ銀河などの渦巻星雲の正しい理解が得られたのだ。あの大論争からわずか4年。1924年のことだった。

　こうしてアンドロメダ星雲はアンドロメダ銀河という1つの独立した銀河に昇格した。その一方で、天の川は全宇宙という存在から降格して、1つの銀河になった。

　ハッブルは人類の宇宙観を大きく変えた。宇宙は多数の美しい銀河に彩られた、広大な空間であることがわかったからだ。

図 2-6　近赤外線で見る天の川
(J. Carpenter, M. Skrutskie, R. Hurt, 2MASS Project, NSF, NASA)

コラム 3　可視光と赤外線

　本書では「赤外線で撮影」などの表現がよく登場するが、どのような波長を持つものであるか下に紹介する。

可視光	350 ナノメートルから	1000 ナノメートル
近赤外線	1000 ナノメートルから	5000 ナノメートル
中間赤外線	5000 ナノメートルから	30000 ナノメートル
遠赤外線	30000 ナノメートルから	1000000 ナノメートル

[1000 ナノメートル（nm）= 1 ミクロン（μm）]

波長
1000 km　1 km　1 m　1 mm　1 μm　1 nm　1 pm

名称：電波　赤外線　紫外線　X 線　ガンマ線
可視光

2-3　美しい銀河としての天の川

★ 天の川を見直す

　あらためて銀河の姿（図1-15）を眺めてみれば、天の川は美しい円盤銀河であることは想像に難くない。

　銀河系の直径は10万光年もある。そして、太陽系は銀河の中心から2万8000光年も離れたところにある。銀河系の片田舎にひそやかに住んでいる感じだ。

　太陽系は銀河中心の周りを公転運動しているが、その周期は気の遠くなるほど長い。何しろ一周するのに約2億年もかかるのだ。

★ 天の川銀河の真の姿

　私たちは銀河系の姿を見てみたいと思う。ところが銀河系に住んでいることがあだになって、銀河系の全景を見ることができない。「木を見て森を見ず」まさにこの状況なのだ。さしずめ、「星を見て銀河系を見ず」というところだ。銀河系にはきっと美しい渦巻構造があるに違いない。だが、それも想像するしかない時代がしばらく続いた。

　可視光は銀河円盤にある星間ガスに含まれる塵粒子（ダスト）に吸収されやすい。そのため、可視光で銀河円盤を眺めると、比較的近いところにある星々しか見えない。つまり、銀河円盤全体の様子がわからないのだ。

　そこで、可視光より吸収の影響を受けにくい赤外線で天の川を見てみることにしよう（図2-6）。この図は波長2ミクロンの近赤外線で天の川全体を見た図である（2ミクロン帯全天サーベイ、2 MASS プロジェクトの成果）。可視光帯に比べ、ダストによる吸収の影響が少ないので、銀河の円盤構造が非常にきれいに見えている。私たちはこんなに美しく整った姿をした銀河に住んでいたのだ。

コラム4　天の川銀河の姿

天の川銀河を真上から眺めてみたいものだ。だが、天の川銀河の中に住んでいる私たちにはかなわぬ夢だ。その夢を実現するにはコンピュータに頼るしかない。天の川銀河のガスの運動を再現する計算をしてみると、下の図のようになる。二重丸（◎）は太陽系の位置を示している。私たちはとても美しい渦巻銀河に住んでいるようだ。

(提供：馬場淳一、斎藤貴之、和田桂一)

相互作用銀河 Arp194
(NASA, ESA, and the Hubble Heritage Team (STScI/AURA)・*HST* WFPC2・STScI-PRC09-18)

第3章

銀河系から銀河へ

ニュージーランドのテカポ島で
撮影された天の川。
手前に見えるドームは
マウントジョン天文台のもの。

（提供：船橋弘範）

3-1 アンドロメダ銀河

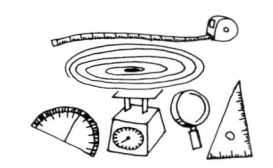

★ アンドロメダ銀河に学ぼう

私たちは天の川銀河（銀河系）に住んでいる。しかし、第1章でも述べたように、天の川を見て銀河一般の姿を思い浮かべることは簡単にできない。宇宙にある多数の銀河を眺めて、その性質を探ることになる。

・銀河はどんな姿をしているのだろう？
・その大きさは？
・質量は？

いろいろ疑問が生まれてくる。

「他人のふり見て、我がふり直せ」とはよくいわれる。そこで、銀河系の隣にあるアンドロメダ銀河を眺めてみよう。銀河系は私たち自身がその内部に住んでいるので、全体を把握するのが難しいためだ。

★ 距離

第2章ではアンドロメダ星雲として紹介したが（図2-4）、もちろんれっきとした銀河だ。そこで、図3-1にアンドロメダ銀河の写真（可視光）を示した。距離は250万光年。遠いといえば遠いが、宇宙のスケールから見ると、まさにお隣さんと呼べるぐらい近くにある。銀河系とアンドロメダ銀河をそれぞれ1メートルの円盤に見立てると、その間の距離は25メートルに相当する。かなり近くに存在することがわかるだろう。

★ 大きさ

アンドロメダ銀河の見かけの大きさは3度もある。（天球をイメージする

と、空にある 2 つの天体間の距離や 1 つの天体の大きさは、観測者を中心とした角度の開きで表すことができる。）満月の見かけの大きさが 0.5 度なので、その 6 倍ということになる。実際の大きさは約 14 万光年で、かなり大きい。光（秒速 30 万キロメートル）が 1 年間に進む距離を 1 光年といい、9.46 兆キロメートルに相当する。その 14 万倍もあるのだから、驚く。ちなみに、銀河系の大きさは約 10 万光年なので、アンドロメダ銀河のほうが少し大きい。

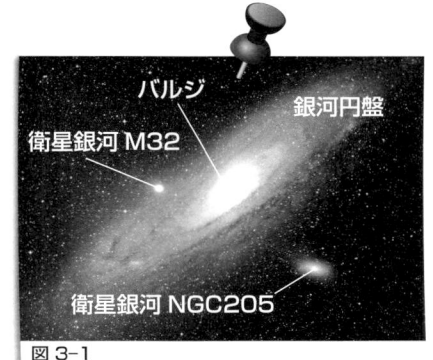

図 3-1
アンドロメダ銀河に見る、銀河の構造と衛星銀河（東京大学天文学教育研究センター木曽観測所提供の写真を改変）

⭐ 明るさ

可視光で見えるアンドロメダ銀河の明るさは 4.4 等である（等級についてはコラム 2 を参照）。肉眼で見ることができる星の明るさは 6 等星なので、アンドロメダ銀河は肉眼で見ることができる。ただ、アンドロメダ銀河は星のように点光源ではなく、広がりを持っている。そのため、街灯に邪魔されず、空気のきれいなところでないと、肉眼で見ることは難しい。

さて、明るさということでは単体の場合、見かけの明るさはあまり本質的ではない。近くにあれば明るく見えるし、遠くにあれば暗くしか見えない。ただ、見かけの明るさと距離がわかっているので、アンドロメダ銀河の本当の明るさを計算することができる。結果は、太陽光度（1 秒間あたり 4×10^{26} ジュール）の約 150 億倍に相当する。つまり、太陽 150 億個分の明るさを持っている。

⭐ 重さ（質量）

アンドロメダ銀河はどのぐらい重たいのだろう？　気になる問題だが、

じつは答えを出すのは意外と難しい。たとえば星だけの質量であれば、明るさ（光度）から見積もることができる。さきほど、アンドロメダ銀河の明るさは太陽光度の150億倍といったが、もしアンドロメダ銀河を構成する星々が全部太陽のような星だとすれば、全体の星の質量は太陽質量の150億倍になる。しかし、実際には太陽より質量の軽い（それらは太陽に比べて暗い）星が圧倒的に多い。じつは、それらの軽い星が銀河全体の星の質量を支配している。そのため星の総質量はだいたい太陽質量の1000億倍になる。銀河系も同程度だ。

　ところが、銀河全体を取り囲むハローがある。この部分の質量を占めているのが暗黒物質で、質量は普通の物質の数倍はある。銀河の回転の様子から推定されるハローを含めた質量は太陽質量のざっと1兆倍と推定される。こんな重たいものが宇宙の中に浮かんで回転しているのだからすごい。

構造

　次に全体的な特徴を見てみよう。まず、銀河円盤と呼ばれる構造が見える。私たちが可視光で見ているアンドロメダ銀河の姿は星々の熱放射である。この写真ではわからないが、星だけではなくガスや塵粒子（ダスト）も存在している。

　中心に近いところは星々がさらにたくさんあって、円盤の外側に比べるとひときわ明るい領域がある。これはバルジと呼ばれる構造だ。バルジという言葉は膨らみを意味する。バルジの中にある星のほうが円盤にある星に比べて、より昔に生まれたことがわかっている。

　図3-1ではわからないが、銀河には中心核と呼ばれる部分があり、そこには巨大ブラックホールがある。アンドロメダ銀河の中心核にある巨大ブラックホールの質量は太陽質量（2×10^{30}キログラム）の1000万倍もある。

　銀河全体を取り囲むハローと呼ばれる構造もあるが、これも残念ながらこの写真では見ることができない。図3-1の写真の数倍の大きさがあり、おもな成分は暗黒物質と呼ばれるものだ。これはある種の素粒子である可能性

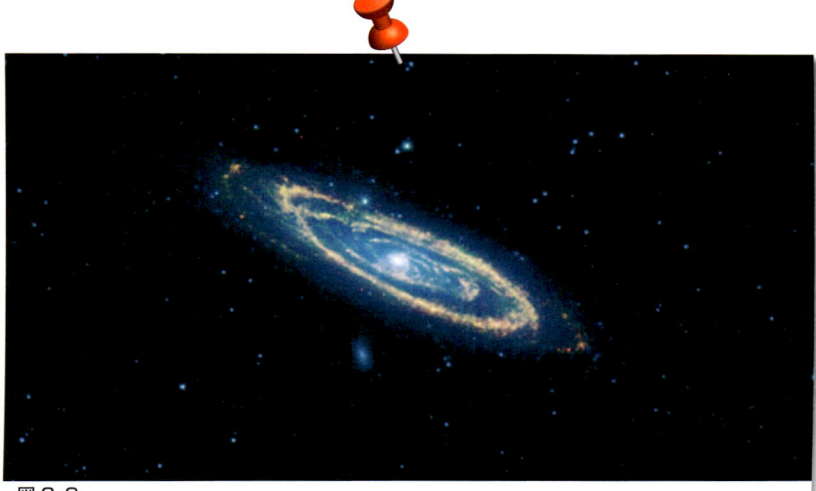

図 3-2
NASA の赤外線望遠鏡 WISE で撮影されたアンドロメダ銀河の赤外線イメージ（観測波長は 12 ミクロン）
（NASA/JPL-Caltech/UCLA）

が高いが、まだ正確には理解されていない。暗黒物質については第 3 章で説明する。

見かけの角度

　アンドロメダ銀河の円盤は傾いて見えている。真上から眺めれば、おそらくほぼ円のように見えるのだろう。

　アンドロメダ銀河の円盤の見かけの長軸と短軸の比は、だいたい 2 対 1 になっている。仮に、円盤の形が真円だとすれば、円盤の回転軸と視線のなす角度は約 60 度になる。

　見かけの角度などどうでもよいと思われるかもしれない。ところが私たちは、宇宙にある銀河を任意の角度から眺めることはできない。たとえばアンドロメダ銀河の裏側を見たいと思っても、それはできない相談だ。見かけの角度は回転速度などの物理量の値にも影響を与えるので、常に意識しておくことが大切だ。

衛星銀河

　アンドロメダ銀河本体の問題ではないが、衛星銀河について見ておくことにしよう。図 3-1 に示したように、アンドロメダ銀河の衛星銀河が 2 個見えている。M 32 と NGC 205 だ。この他にも 4 個の衛星銀河があることが知られている。銀河系の場合は、大マゼラン雲と小マゼラン雲が衛星銀河の代表格だ。

　このように銀河には多かれ少なかれ、衛星銀河がまとわりついている。しかし、これらは永久に銀河の周りを回っているわけではなく、そのうち（軌道角運動量を失って）銀河本体に飲み込まれてしまう。そのとき、銀河本体の円盤は波立ち、きれいな渦巻構造ができることもある。その意味では、銀河の力学的な進化に大きな影響を与えている。小さい銀河だからといって、侮ってはいけない。

円盤の模様は渦巻なのか？

　さて、ここでアンドロメダ銀河に別れを告げてもいいが、もう少し粘ってみよう。まだ、学ぶことがあるからだ。

　今度は、図 3-2 を見ていただこう。これは NASA の新しい赤外線宇宙天文台 WISE によるアンドロメダ銀河の赤外線画像だ。波長 3.6 ミクロンから 22 ミクロンの中間赤外線帯で撮影されたものである。図 3-1 とはかなり印象が違う。図 3-1 で私たちが見ていたのは、アンドロメダ銀河の星々の輝きである。ところが、図 3-2 では星を見ないで、塵粒子（ダスト）を見ているのだ。ダストはガス雲の中に存在しているが、それらは周辺にある星々の放射によって温められている。すると、ダストはその温度に相当する熱放射を出すことになる。温められたとはいえ、ダストの温度は 30 K 程度である。だがこれらのダストは赤外線の波長領域に強い放射を出すのだ。

　図 3-1 に示した可視光の写真と比べると、渦巻（リング構造に近いが）が非常にきれいに見えている。可視光の写真で判断する渦巻とはかなり印象

が異なる。最も目立つリングのような渦巻構造が圧巻だ。ところが、その内側にも、そして外側にも別の渦巻があることがわかる。これらはいったいどうやってできたのだろうか？　私たちのお隣の銀河であるアンドロメダ銀河にも、まだまだ未解決の問題がありそうだ。

3-2　銀河の世界も十人十色

★ 銀河を究める

　ここまでで、銀河の基本的なことはかなり理解されたと思う。だが、たった2つの銀河の紹介で銀河の世界がわかるわけではない。なぜなら、宇宙にはざっと1000億個もの銀河があるからだ。2つの銀河の紹介ですむ話もあるが、銀河の世界はもっと奥が深い。この節では銀河系とアンドロメダ銀河を離れ、もう少し銀河の世界を見ておこう。そこに、銀河の真の姿が浮かび上がってくるからだ。

★ 銀河のハッブル分類

　じつは、私が天文学者になってみたいという夢を抱いたのは、銀河の姿がとても美しく感じられたからである。宇宙そのものも不思議だが、どうして宇宙には美しい銀河がたくさんあるのだろう。そんな素朴な疑問が私を天文学の世界に導いてくれた。

　銀河の美しさと多様さとをうまく表現したのが、銀河のハッブル分類と呼ばれるものだ（図3-3）。私たちの住む宇宙が膨張していることを発見した、エドウィン・ハッブルによる銀河の分類体系である。1936年に提唱されて以来、2010年の今でも銀河の形態（つまり力学状態）を調べるガイドライ

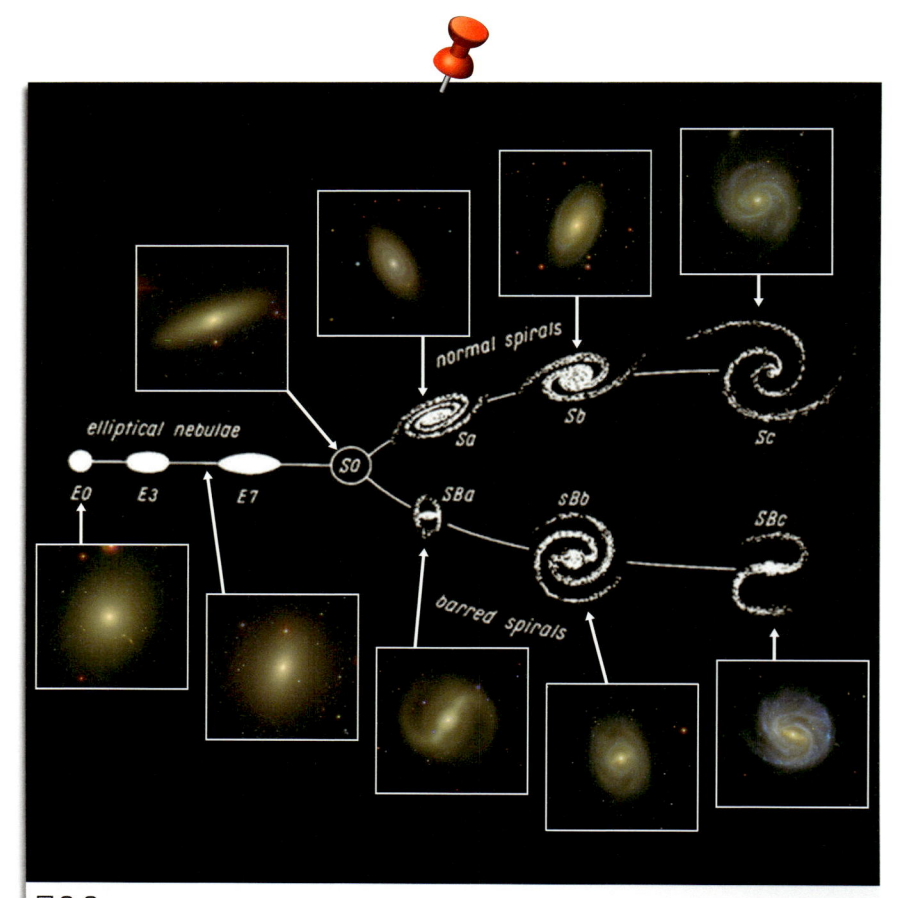

図 3-3
銀河のハッブル分類
左側は楕円に見える銀河の系列で、楕円率 (丸からひしゃげた形) に準じて分類されている。右側は渦巻銀河の分類だが、円盤部に棒状構造のないもの (上) とあるもの (下) の 2 系列に分類されている。楕円銀河と円盤銀河を結ぶ形態として S0 銀河 (円盤はあるが、渦巻はない) が配置されている。S0 銀河は暫定的に導入されたものだが、その後、実際に観測されるようになった。
(『銀河の世界 (The Realm of the Nebulae)』(エドウィン・ハッブル著、1937 年) の図を改変。周辺の写真:David W. Hogg, Michael R. Blanton, and the SDSS Collaboration)

ンになっている。

⭐ 多様な銀河

　私たち人間が1人ひとり顔立ちや性格が異なるように、銀河もきわめて個性的である。そして、どれ1つとっても魅力的である。その多様な銀河もハッブルの慧眼にかかると、大きく2種類の形態に分類される。楕円銀河と円盤銀河（渦巻銀河）である。

　図3-3を見るとわかるように、楕円銀河は左側に位置し、見かけの扁平率で系列化されている。見かけ上丸く見えるもの（左側）から扁平に見えるもの（右側）へと並べられている。

　その先は円盤銀河の世界である。円盤銀河は美しい渦巻構造を持つ。円盤銀河では、渦の巻きつき具合が強いもの（左側のSa）から弱いもの（右側のSc）へと系列化されている。バルジ構造の相対的な大きさも、この系列の指標の1つになっている。Saのほうがバルジが卓越していて、Scに行くにつれて小さくなる。なぜそうなっているかわかればうれしいのだが、この段階では、とりあえず分類法ということでおさめておこう。

　円盤銀河の系列はさらに2系列に細分されている。円盤部に棒状構造がないもの（上の系列）と、あるもの（下の系列）が区別されている。後者は棒渦巻銀河と呼ばれている。

　私たちの近傍の銀河を調べると、楕円銀河、渦巻銀河、棒渦巻銀河の頻度はそれぞれ20％、40％、40％になっている。どれかの型が卓越しているというわけではない。ちなみに、銀河系は棒渦巻銀河だと考えられている。

・なぜ楕円銀河には円盤構造ができなかったのか？
・楕円銀河と円盤銀河とでは、形成のメカニズムが違うのか？　　★
・円盤銀河の棒状構造は、何か特別な構造なのか？

気になる問題がたくさんある。

だが、本書ではあまり細かいことは気にしないでおこう。人の顔はそれぞれ異なるが、それを気にしてもあまり意味はない。人であることが本質的に大切なだけだろう。銀河にとっても、状況は同じに違いない。銀河であることが重要なのだ。何しろ、宇宙は銀河であふれている。その数は、ざっと1000億個。形を気にしているどころではない。

　とはいうものの、人は見た目を気にする。じつのところ、天文学者も銀河の形には興味津々なのだ。だが、それは形の美しさとかそういうことにとらわれているわけではない。

・楕円銀河や、円盤銀河のバルジのような回転楕円体構造はいかにしてできたか？
・円盤はいかにしてできたか？　　　　　　　　　　　　　　　　　★
・回転楕円体構造と円盤構造の質量の比率はどうして決まったのか？

このような銀河の力学的進化に関心があるからだ。

　実際のところ、これらの銀河の根幹にまつわる問題は、まだ解決されていない。宇宙が誕生して、数十億年以内に決まった可能性は高い。だが、何がそれを決めたのかは依然として謎のままなのだ。

　銀河の誕生と進化。それを完全に理解することは、まさに見果てぬ夢のようでもある。それが現状なのだ。だからこそ、私たちは銀河の研究をやめることはできない。因果なものである。

3-3 銀河に彩られた宇宙

★ 寂しがり屋の銀河

　それでは、宇宙にあふれている銀河の様子を見ておくことにしよう。宇宙には 1000 億個も銀河があるが、宇宙そのものが広大なので、銀河が宇宙に密集しているわけではない。では、銀河は孤立しているかというとそうでもない。

　私が大学院に入学して銀河の研究を始めた頃、銀河を理論的に研究している高名な天文学者にお話を伺ったことがある。

「先生にとって銀河とはどんなものですか？」
「そうだね、大体こんなものかな」

そうおっしゃって、両手で 30 センチメートルぐらいのサイズを示してくれた。

「まあ、かわいいもんだよ」

　つまり、理論天文学者のイメージする銀河は、自分が扱える程度の大きさで、比較的シンプルなものだということである。当然、考える対象としての銀河は「孤立系」だ。他の銀河と相互作用することは想定しない。物事が複雑になるからだ。

　確かに数十年前には、銀河の誕生や進化についてはよくわかっていなかった。宇宙誕生の頃、巨大なパンケーキのようなガスの雲があり、その中で密度の高い場所が銀河として育っていったとする考え方すらあった。これはロシア（当時はソ連）の研究者たちが提案したモデルなので、銀河形成の東側

図 3-4
相互作用する銀河、UGC 8335
銀河系からの距離は 400 万光年。
(NASA, ESA, the Hubble Heritage (STScI/AURA)–ESA/Hubble Collaboration, and A. Evans (University of Virginia, Charlottesville/NRAO/Stony Brook University))

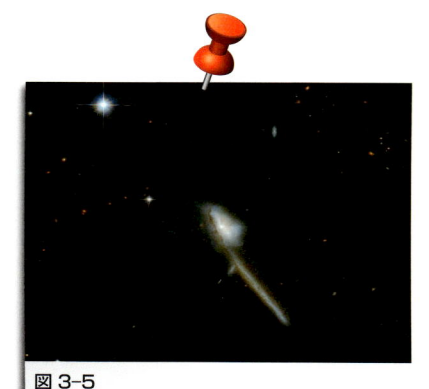

図 3-5
合体しつつある銀河、Mrk 273
Mrk はアルメニア共和国の天文学者であるマルカリアンの略称。距離は 500 万光年。この銀河の赤外線光度は太陽光度の 1 兆倍を超える。そのためウルトラ赤外線銀河と呼ばれている。
(NASA, ESA, the Hubble Heritage (STScI/AURA)–ESA/Hubble Collaboration, and A. Evans (University of Virginia, Charlottesville/NRAO/Stony Brook University))

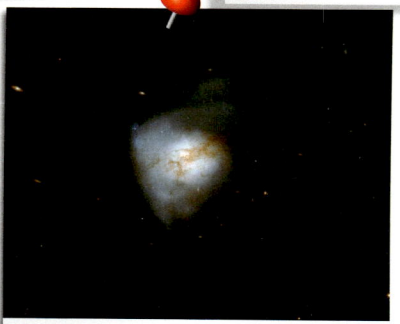

図 3-6
合体が進行した銀河、Arp 220
Arp は特異銀河のカタログを作製したアメリカの天文学者アープにちなむ。距離は 700 万光年。この銀河もマルカリアン 231 と同様にウルトラ赤外線銀河である。
(NASA, ESA, the Hubble Heritage (STScI/AURA)–ESA/Hubble Collaboration, and A. Evans (University of Virginia, Charlottesville/NRAO/Stony Brook University))

モデルと呼ばれていた。このモデルを採用すると、銀河は巨大なガス雲が自己の重力で収縮して、しずしずと育ってきたイメージになる。この場合、最初から最後まで孤立系と見なすことができる。理論天文学者から見ると、扱いやすい問題になるというわけだ。

ところが宇宙をよく眺めてみると、このような理想的な状況は起こっていないことに気がつく。銀河は群れていることが多いからだ。どうも、銀河は寂しがり屋のようだ。

群れる銀河

まず、図 3-4 を見ていただこう。UGC 8335 という名前の相互作用銀河だ。お互いにダンスをしているかのようだ。銀河同士が相互作用すると、お互いに潮汐力を及ぼし合うので、お互いに向き合う方向と、それぞれの反対方向に潮汐腕と呼ばれる構造をつくる。これらの相互作用銀河はいずれ合体して 1 つになっていく。その途中段階が図 3-5 に示した Mrk 273 で、ほぼ合体が完了したものが図 3-6 に示した Arp 220 だ。このような銀河は数十年前までは全く着目されていなかった。やはり、孤立系としての銀河のほうに気をとられていたからだ。

実際、私が銀河の研究を始めた 70 年代後半は、この種の相互作用銀河は特異な銀河であり、まずは美しい孤立した銀河の起源を探るべきであるという風潮だった。研究を始めて間もない私は、そうなのだろうと思いつつも、これらの相互作用銀河の美しさに惹かれた記憶がある。

その後、80 年代中盤を迎える頃には、銀河の相互作用は銀河の進化に大きな影響を与えることがわかってきた。銀河を見よ。しょせん、そこで起こっていることがすべてなのだ。銀河の研究はターニング・ポイントを迎えつつあった時代だった。

銀河群と銀河団

銀河の相互作用は、2 個の銀河に限定されたものではない。じつは数個ぐ

らいで群れている銀河群も多い。近傍宇宙にある銀河の 70 % は銀河群に属しているので、かえって、銀河群のほうが銀河の住処としては標準的なものともいえる。

私たちの住む銀河系も、アンドロメダ銀河を含む約 40 個の銀河が集まって、局所銀河群を形づくっている。ちなみに、アンドロメダ銀河と銀河系はお互いの重力圏内にとらわれているので、将来的には合体して 1 つの銀河になる（図 3-7）。まあ、約 50 億年後のことなので、あまり関係はないが。

だが、1 つ注意しておくことがある。将来にわたっても、銀河の相互作用は重要だということだ。これは、銀河の運命は重力が決めているからだ。銀河はそもそも重い。私たちの住む銀河系の質量は太陽の 1000 億倍はある。太陽の質量は 2×10^{30} キログラムだから、銀河系の質量は 10^{41} キログラムもある。他の銀河も似たり寄ったりだ。そのため、銀河は近くに銀河があると、お互いの重力で合体する運命にある。

現在の宇宙では、まだ銀河同士の合体はそれほど深刻には進行していない。そのため、美しい円盤銀河もあるし、複数の銀河が群れている銀河群もある。50 億年後にはこれらの美しい銀河や銀河の群れが銀河の合体で消えてしまうことを考えると、何だか不思議な気もする。私たちは宇宙の美しい姿を享受できる時代に生きているからだ。

そのような感傷的な気持ちはさておき、群れる銀河の様子を見ておくことにしよう。

典型的な銀河群としてステファンの五つ子を紹介しておこう（図 3-8）。この写真には確かに 5 個の銀河が見えているが、下に見える渦巻銀河は他の 4 個と視線速度（図 3-9）が大きく異なっている。そのため、この銀河群は五つ子ではなく四つ子である。複雑な潮汐腕が見えるが、写真中央付近の腕では激しい勢いで大質量星がつくり出されている。

銀河の歴史はガスから星を生み出してきた歴史ともいえる。いったん銀河になってからも、さらに銀河同士が相互作用して、新たに星を生み出している。こうして、さらに歴史を紡いでいくのだろう。

⭐ 宇宙の大規模構造

　銀河の群れとして最大級の階層は、銀河団だ。1つの銀河団中の銀河の個数は100個から1000個にもなる。おとめ座やかみのけ座の方向に銀河団があることは知られていたが、当初は何か特別な場所のように考えられていた。ところが、銀河群がそうであったように、銀河団も銀河の住む環境としては特別なものでないことがわかってきた。これは宇宙を観測する能力が上がり、より遠方の宇宙を調べることができるようになったことと、広範囲に及ぶ大規模な銀河探査ができるようになったからである。

　現在までに知られている銀河団で最も遠いものは約80億光年彼方のものだ。将来銀河団に進化していくような銀河の個数密度が高い場所は、100億光年彼方の宇宙でも見つかっている（その頃の宇宙年齢は約40億歳である）。

　遠方の銀河団の例として、図3-10にJ033238-275653という名前の銀河団の写真を示した。この銀河団までの距離は60億光年だ。なんとも味気ない名前の銀河団だが、この名前は銀河団の中心位置（赤経と赤緯）をそのまま使っているためだ。

　また、図3-11にはすばる望遠鏡が撮影した銀河団RX J0152.7-1357を示した。この銀河団までの距離は約70億光年だが、面白いことに左上から右下に銀河の集団が連なっていることがわかる。その連なりの長さは500万光年にも及ぶ。

　宇宙は私たちの想像を超えて偉大だ。銀河系の大きさは10万光年でしかないが、それでも私たちにとってみればとてつもない大きさだ。しかし、その数十倍もの規模で銀河が連なって分布しているというのだ。

　このような構造は珍しいものだと思われるかもしれない。だが、じつはそうでもない。今度は宇宙地図を見てみることにしよう。図3-12は、銀河系から27億光年の以内の宇宙地図だ。この図の1つひとつの点が銀河である。

　この図を見て驚くことは、銀河はまさに連なって分布していることだ。これは地図が見やすくなるように、宇宙をスライスして2次元的な地図づく

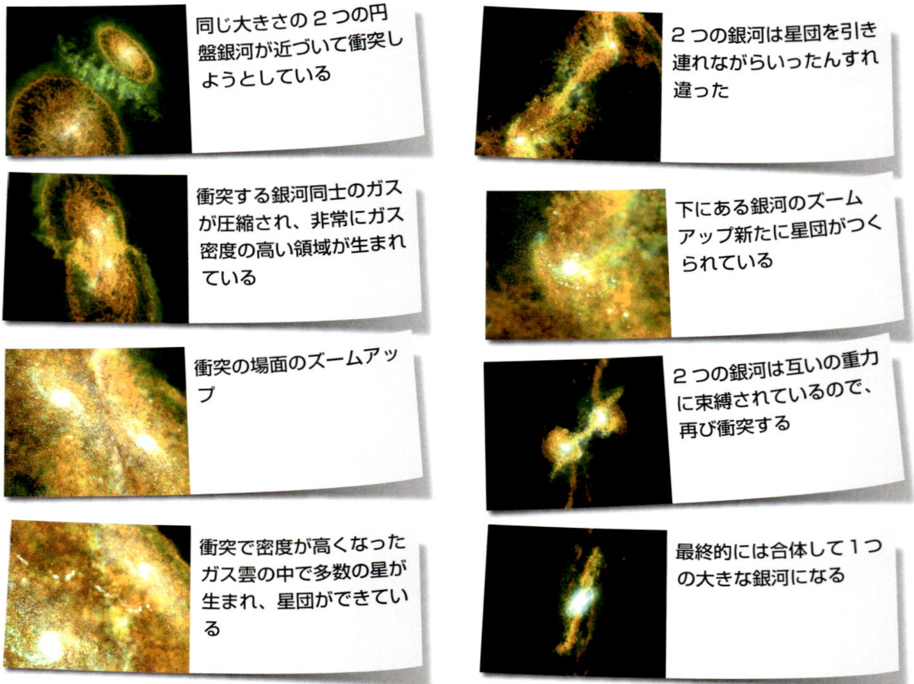

	同じ大きさの2つの円盤銀河が近づいて衝突しようとしている
	衝突する銀河同士のガスが圧縮され、非常にガス密度の高い領域が生まれている
	衝突の場面のズームアップ
	衝突で密度が高くなったガス雲の中で多数の星が生まれ、星団ができている
	2つの銀河は星団を引き連れながらいったんすれ違った
	下にある銀河のズームアップ新たに星団がつくられている
	2つの銀河は互いの重力に束縛されているので、再び衝突する
	最終的には合体して1つの大きな銀河になる

図3-7
円盤銀河同士の衝突
(提供：武田隆顕、斎藤貴之、国立天文台4次元デジタル宇宙プロジェクト)

図3-8
ステファンの五つ子と呼ばれる銀河群
(NASA/CXC/CfA/E. O'Sullivan/CFHT/Coelum)

3-2 銀河の世界も十人十色　53

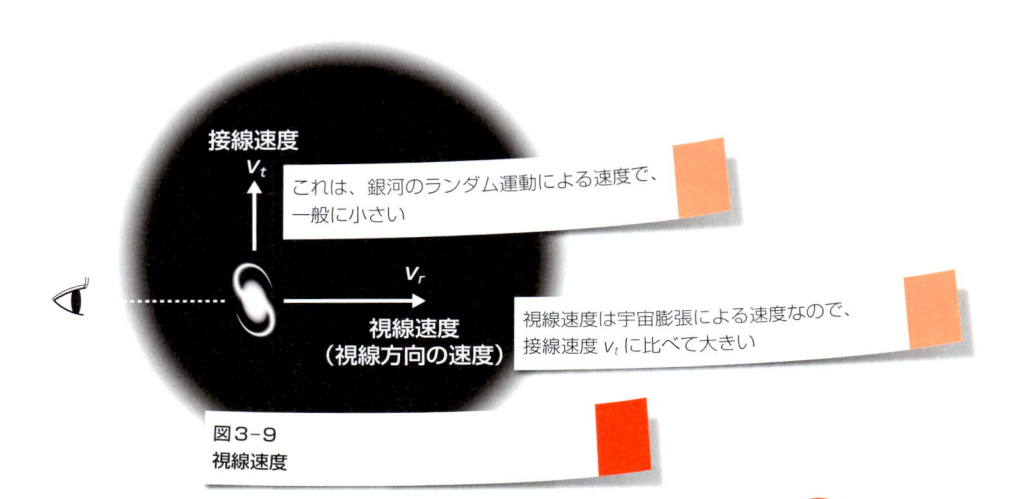

接線速度
v_t

これは、銀河のランダム運動による速度で、一般に小さい

v_r
視線速度
（視線方向の速度）

視線速度は宇宙膨張による速度なので、接線速度 v_t に比べて大きい

図3-9
視線速度

図3-10
銀河団 J033238-275653
距離は60億光年。
（NASA, ESA, J. Blakeslee and H. Ford（Johns Hopkins University））

図3-11
銀河団 RX J0152.7-1357
左上から右下に銀河の集団が連なっている。距離約70億光年。70億光年の距離だと、この画面の1辺は約820万光年に相当する。
（提供：国立天文台）

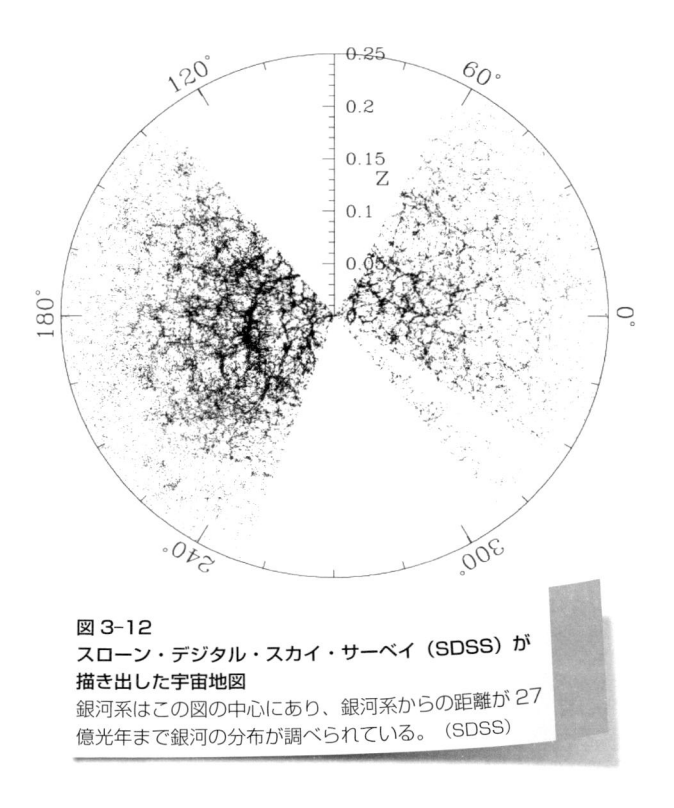

図 3-12
スローン・デジタル・スカイ・サーベイ（SDSS）が描き出した宇宙地図
銀河系はこの図の中心にあり、銀河系からの距離が27億光年まで銀河の分布が調べられている。（SDSS）

りをしているためだ。想像をたくましくして3次元分布を思い描いてみるとわかるが、銀河はシャボンの泡の表面をなぞるように分布しているのだ。シャボンの泡が接している領域では銀河の個数密度が高くなる。私たちはそのような場所を銀河団として観測していたのだ。

そして、シャボンの泡の中にはほとんど銀河が存在しない。この領域はボイドと呼ばれる。なんとも奇妙な銀河の空間分布が暴き出されたものだ。

天動説から地動説に至ったコペルニクス的転回といえるような観測事実が浮かび上がってきたといってもよい。そもそも、私たちは宇宙は一様・等方であると考えてきた歴史がある。

・宇宙には特別な場所はない
・おしなべて見れば、銀河の個数密度は宇宙の至るところで大きな差はないだろう
・そのため、どの空の方向を見ても、同じように見えるだろう

そう思ってきたのである。だが、実際の宇宙は違う。宇宙は奇妙な泡構造をつくりながら進化してきたのだ。

遠い宇宙へ

　では、もっと遠方の宇宙はどうなっているだろう。銀河は100億年以上の長い時間をかけて進化してきている。そのため、銀河を理解するには、時間軸をつけ加える必要があることを忘れてはならない。特に、本書の話題の中心である「宇宙の一番星」はまさに宇宙で最初にできた星のことだが、それらは銀河の中で生まれた。結局のところ、宇宙の一番星を見るには、遠方の宇宙に潜む生まれたての銀河を探すしかないのだ。

　幸いにも、光（電磁波）の進むスピードは有限だ。秒速30万キロメートル。かなり速いようにも思うが、このスピードが有限であることがマジックを生む。なぜなら、

・遠い天体は若い天体　　　　　　　　　　★

というタイムマシン効果を実現してくれるからだ。

　たとえば、今夜、1億光年彼方の銀河を見たとしよう。その光はその銀河を1億年前に出た光だ。そのため、私たちが見るその銀河の姿は現在の姿ではない。なんと、その銀河の1億年前の姿なのだ。

　今度は、100億光年彼方の銀河を見たとしよう。私たちはその銀河の100億年前の姿を見ることになる。宇宙の年齢は137億歳なので、宇宙年齢では37億歳の頃の宇宙にある銀河だということになる。

遠方の銀河を見よ！　これは銀河誕生の秘密を探るうえで欠かすことのできない命題でもある。ハッブル宇宙望遠鏡もこの命題に挑むため、ハッブル・ウルトラ・ディープ・フィールドという深宇宙探査を行ってきている（図 3-13）。人類が見た、最も暗い銀河が見えている。その明るさは約 30 等だ。月面で揺れるマッチの炎を見ることができれば、その明るさが約 30 等である。果たして、私たちはこのハッブル・ウルトラ・ディープ・フィールドに宇宙の一番星を見ることができるのだろうか。

図 3-13
可視光で見たハッブル・ウルトラ・ディープ・フィールド
20 億光年より遠いところにある、約 1 万個の銀河が見つかった。（NASA/ESA/S. Beckwith (STScI) and The HUDF Team）

第4章

銀河から宇宙へ

地球は休むことなく自転する
星界はそんなことに気も留めず
ひそやかに息づく
この虚空の果てに
宇宙の真理が隠れているのだろう

（提供：二村明彦）

4-1　宇宙の歴史と一番星

⭐ 銀河とは何か？

　近傍の宇宙を眺めるだけで、美しい銀河の世界が広がっていることがわかった。しかし、美しいといって、そこで思考を止めるわけにはいかない。まだまだ、銀河について知りたいことがたくさんあるからだ。
　では、私たちは何が知りたいのだろう？　この段階で疑問に思うことをまとめてみよう。

・銀河はいつ生まれたのか？
・銀河はどのように進化してきたのか？
・銀河はいつから、こんなに美しい姿になったのだろうか？
・銀河の今後の運命はわかるのだろうか？

銀河系という1つの銀河に住む私たちとしては、これらの問題の答えを知りたいところである。

⭐ 銀河の定義

　ところで、銀河の定義は何なのだろう？　夏の夜、天の川を眺めると無数の星々があるように見える。このことから、まずいえるのは次のことだ。

・銀河は星の大集団である

しかし、あらためて銀河の定義とは何かと聞かれると、プロでも困ることがある。
　そもそも銀河という存在を定義できるのかどうかわからないが、こんな笑

い話がある。1980年代、アメリカのテキサスで開催された銀河に関する研究会でのことだ。総合討論の時間になって、誰かが手をあげて聞いた。

「銀河の定義は何だろう？」

　会場は何となくざわめく。考えてみれば、天文学者にとって銀河はありふれた存在すぎて、まじめに定義について考えることはしない。そのとき、さっと手をあげた人がいた。銀河研究の大御所、ジョン・コルメンディだ。彼はこう答えた。

「巨大なガスの塊があって、そこに星が1個でもあれば銀河といってよい？」

会場では大爆笑が起こった。
　これは笑い話ではなく、実話だ。けっこう、天文学者もお茶目である。

✦ 銀河の定義から宇宙の一番星の意味を考える

　ところで、やはり銀河の定義は重要だ。私たちの住む宇宙は137億年前にビッグバンで始まったと考えられている。そのとき、星も銀河もなかった。つまり、銀河は宇宙が生まれてからしばらくして何らかのメカニズムで誕生したことになる。銀河の定義をしておかなければ、銀河誕生の瞬間を特定できない。

　プロローグで簡単に述べたが、銀河はやはりガスの塊が集まって生まれたと考えざるを得ない。星がまだ生まれていない状況では、ガスの塊は物理学的には「ガス雲」と呼ぶしかない。しかし、星が1個でも誕生すれば、それは銀河の赤ちゃんであると認定できる。

　結局、さっきの笑い話で出てきたコルメンディの定義は核心をついていたのだ。

・宇宙で最初にできたガス雲の中で、星が1個生まれる
・生まれた星は宇宙の一番星である
・ガス雲が星を生んだ段階で銀河に昇格した

　こういうことだ。宇宙の一番星と銀河の誕生は切っても切れない仲なのである。宇宙の一番星を見るには、やはり銀河の誕生と進化の様子を探るしかない。

観測革命

　しかし、銀河の誕生と進化を調べ上げることは難しい。何しろ、私たちは遥か100億光年彼方の宇宙を精密に観測する必要があるからだ。私が大学院で研究を始めた80年代は、まさに暗中模索の時代だった。当時、世界最高性能を誇る光学望遠鏡（口径4メートルクラスの反射望遠鏡）でいくら調べても100億光年彼方の銀河は1つも見つからなかったからだ。

　「100億年前には、まだ銀河ができていなかったのだろうか？」

こんなことさえ、議論されるような状況だった。
　この暗雲を吹き払ってくれたのは、90年代に完成した望遠鏡群だ。可視光帯だけではない。ガンマ線、X線、紫外線、赤外線、そして電波。まさに全波長帯で宇宙を観測する"眼"が宇宙の探求に向けて動きはじめたのだ。本書では可視光から近赤外線ですばらしい性能を発揮している望遠鏡を紹介しておこう。
　ちなみに可視光は波長が400ナノメートルから800ナノメートルの電磁波だが、観測に使用するCCDカメラの感度が1ミクロン（1000ナノメートル）まであるので、最近では400ナノメートルから1ミクロンまでを可視光とすることが多い。近赤外線は波長が1ミクロンから5ミクロンまでの電磁波を指す。地上の望遠鏡で観測しやすい近赤外線の波長帯は1ミク

ロンから 2.3 ミクロンの電磁波だ。

★ ハッブル宇宙望遠鏡

　フラッグシップはもちろんハッブル宇宙望遠鏡（HST）だ（図 4-1）。1991 年に運用を開始した、人類初の可視光・近赤外線専用の宇宙望遠鏡で、幾多のスーパーショットを撮り続けてきた。この望遠鏡がなければ、天文学の発展は大きく遅れたことは間違いない。

図 4-1
ハッブル宇宙望遠鏡
(STScI/NASA)

図 4-2
HST の口径 2.4 メートルの主鏡
(STScI/NASA)

図 4-3
STScI にある HST のコントロール・ルーム
(STScI/NASA)

図 4-4
STScI の屋上からジョンズ・ホプキンス大学を眺める
ボルティモアは全米で最も治安の悪い街として名高いが、STScI とジョンズ・ホプキンス大学のある地域はしっとりとした美しい街並みが続くところだ。ハッブル宇宙望遠鏡の観測プログラムを決めるパネル会議に出席した 2008 年に撮影した写真である。（撮影：著者）

反射鏡の大きさは意外と小さく、口径はたったの 2.4 メートルしかない（図 4-2）。だが、ハッブル宇宙望遠鏡は地球大気圏外で観測している。地球大気による吸収や揺らぎの影響を受けないメリットははかり知れない。常に、口径 2.4 メートルの主鏡の回折限界で決まる 0.1 秒角の角分解能で宇宙を眺めることができるからだ。地上の天文台では、大きな望遠鏡をつくっても、地球大気の揺らぎでだいたい 1 秒角の角分解能になってしまう。ハッブル宇宙望遠鏡は、地上の望遠鏡の 10 倍の角分解能を安定して実現できるすばらしい望遠鏡であることがわかる。しかも、雨も降らないし、曇ることもない。晴天率 100％の宇宙でひたすら観測を続けてきているのだ。

　ハッブル宇宙望遠鏡の運用は、アメリカ東部のボルティモアにある。宇宙科学望遠鏡研究所（STScI）だ。ここで、ハッブル宇宙望遠鏡の観測計画が練られ、望遠鏡のコントロールからデータ転送など、一切の業務が行われている（図 4-3）。ジョンズ・ホプキンス大学に隣接する閑静な住宅街にあるこの小さな研究所が、ハッブル宇宙望遠鏡のすべてを制御しているというのは驚きだ（図 4-4）。研究所の入り口の吹き抜けには、ハッブル宇宙望遠鏡の模型がぶら下げられている（図 4-5）。皆、これを見て英気を養っているのだろうか。

図 4-5
STScI の入り口の吹き抜けにある HST の模型
（撮影：著者）

ケック望遠鏡

　ハッブル宇宙望遠鏡に遅れること2年。1993年に大型望遠鏡がハワイ島のマウナケア天文台に完成した。口径10メートルのケック望遠鏡だ（図4-6）。正確にいうとケック1だ。なぜなら96年には全く同じ仕様の望遠鏡がケック1の隣にできたからだ。その望遠鏡の名前はもちろんケック2だ。アメリカのケック財団の援助を受け、カリフォルニア大学連合が建設した2台の望遠鏡はやはり一世を風靡した。

「天上のハッブル、地上のケック」

図4-6
ハワイ島マウナケア山の山頂にあるケック望遠鏡の1号機と2号機
このあと紹介するすばる望遠鏡とジェミニ望遠鏡のオフィスはハワイ島のヒロ市にあるが、ケック望遠鏡のオフィスはリゾート地であるコナに近いワイメア市にある。ヒロ市は日系の方が多く、すばる望遠鏡のオフィスを構えるのに最適な町だ。一方、ワイメア市は日本の香りがしない、アメリカンな町である。ハワイ島は天文学研究のメッカになりつつあるが、最近ではヒロ市にオフィスが集中しつつあるようだ。ハワイを訪れるチャンスがあれば、ワイキキのあるホノルルではなく、ヒロを訪れてほしい。そこに天文学の香りを楽しむことができるだろう。
(The W. M. Keck Observatory)

両者は史上最強のタッグを組むがごとく、90年代の天文学を牽引したからだ。

ちなみにケック1はケック財団の会長のお墓になり、ケック2は社長のお墓になるそうだ。ケック望遠鏡のお値段はそれぞれ50億円。ずいぶん高いお墓のようにも思えるが、それは私たち凡人の発想なのかもしれない。閑話休題。

ケック望遠鏡ができる前、世界最大の反射望遠鏡はウィルソン山にあるパロマー天文台のヘール望遠鏡だった。口径は5メートル。じつは、ロシアのゼーレンスカヤに口径6メートルの反射望遠鏡もあるのだが、これは性能が悪くほとんど活躍していなかった。

ケック望遠鏡がいきなり口径10メートルを達成した秘密は、主鏡を1枚鏡にしなかったことだ。口径1.8メートルの六角形の鏡を36枚合わせて口径10メートルにしている（図4-7）。この手法はモザイク・ミラー・システムと呼ばれる。口径1.8メートルの鏡なら量産できるので単価は安い。36枚の鏡の制御はそれなりに大変だが、不可能ではない。まさに、コロンブスの卵のような発想で、大口径反射望遠鏡をつくり上げたスピリットはすごい。

✱ そして、すばる

一方、日本は国立天文台が口径8.2メートルのすばる望遠鏡を建設した（図4-8）。99年にファーストライト（試験観測）を終え、ちょうど2000年から共同利用観測を開始した。ケック望遠鏡とは違い、すばるは伝統的な1枚鏡の主鏡だ。研磨の精度は0.012ミクロン。本当に美しく仕上がった鏡だ（図4-9）。

この主鏡は口径8.2メートルもあるのに対し、厚さはたった20センチメートルしかない。ところが重さはなんと22.8トンもある。この薄くて重い鏡をコントロールするのがアクチュエータと呼ばれるもので、主鏡の後ろに261本もついている（図4-10）。これで鏡の歪みをなくし、常に最良のイメージが取得できるようになっている。ケックの36枚鏡の制御もすごい

4-1 宇宙の歴史と一番星

図 4-7
ケック望遠鏡の主鏡
口径 1.8 メートルの六角形の鏡を 36 枚合わせて口径 10 メートルにしている。36 枚もの鏡をコントロールして 1 枚の鏡のようにする技術は並大抵ではない。それは鏡の後ろを見るとわかる。まるでマングローブの幹が林立しているように 1 枚 1 枚の鏡を支える。そして瞬時にすべてを制御し、あたかも口径 10 メートルの 1 枚の鏡のようにするのだ。私は鏡の裏側を見たとき、言葉を失ったことを覚えている。
(The W. M. Keck Observatory)

図 4-9
すばる望遠鏡とその主鏡
(提供：国立天文台)

図 4-8
国立天文台すばる望遠鏡
右下に見えるドームはケック 1 号機。ケック 1 号機の上に見える建物は、すばる望遠鏡の観測棟。
(提供：国立天文台)

図 4-10
すばる望遠鏡の主鏡と、その裏側に見えるアクチュエータ
ケック望遠鏡のモザイク・ミラー・システムもすごいが、こちらも素人の想像を超える技術が駆使されている。すばる望遠鏡はこの鏡のアクティブ・コントロールで大口径望遠鏡の中でも最高性能の星像を得ることができている。(提供：国立天文台)

が、こちらも神業のレベルだ。

⭐ VLT

ケック、すばると紹介したが、最後にもう1つ。ヨーロッパ南天天文台が建設したVLT（Very Large Telescopes）も紹介しておこう（図4-11）。

ヨーロッパは日本と同じように天候が優れないので、いち早く天気のよい外国に天文台を建設することを考えた。彼らが観測場所に選んだのは、なんと南米のチリ共和国だ。1977年から口径3.6メートルの望遠鏡を設置して宇宙の観測に挑んできた。

すばる望遠鏡と時期を同じくして、ヨーロッパは口径8.2メートルの反射

図4-11
南米チリ共和国のパラナルに設置されている口径8メートルの望遠鏡VLT
VLTのすごさは口径8メートルの望遠鏡を4台もつくり上げたことだ。その理由は、これら4台に合わせて、さらに小口径の望遠鏡もつくり、干渉計として利用し、高解像の観測ができるようにするためだ。干渉計として使用しないときは、それぞれ別の観測モードで研究ができるので、多くのニーズを満たすことができる。多数の国が参加しているヨーロッパならではの発想が生かされている。
（ESO/H. H. Heyer）

望遠鏡 VLT を 4 台建設した。1998 年のことだ。

　設置場所のパラナルという場所は、標高は 2500 メートルでマウナケアに比べて低いが、晴天率の高さが買われて、この地が選ばれた。

　すばるとケックはハワイ、すなわち北半球に設置されている。一方、VLT は緯度が−30 度に位置し、南半球にある。したがって、ケック、すばる、VLT を使えば、全天を観測できる。そして、ハッブル宇宙望遠鏡は、当然だが全天をカバーして観測ができる。人類は宇宙を調べる"巨大な眼"を持つに至ったのだ。

　ちなみに、すばる望遠鏡や VLT と同じ口径を持つ望遠鏡が、アメリカ国立光学天文台によって 2 台建設されている。ジェミニ望遠鏡だ（図 4-12）。ジェミニは双子を意味する。その名の通り、まさに瓜 2 つの口径 8.2 メートルの望遠鏡が、1 台はハワイのマウナケアに、もう 1 台はチリ共和国に設置

図 4-12
ハワイ島マウナケア山頂にあるジェミニ北望遠鏡
南米チリ共和国のセロ・トロロ地区にジェミニ南望遠鏡がある。ドームが 2 層になっているのがわかるが、観測中には上のドーナツ状の部分を開けて、空気がきれいに流れるように配慮されている。より上質の画像を得るためである。ただ、望遠鏡の構造が柔につくられているため、必ずしも最高性能を発揮していないのが残念である。
(Gemini Observatory)

されている。

宇宙の歴史に挑む

さて、ここまでハッブル宇宙望遠鏡や口径8～10メートルクラスの光学赤外線望遠鏡の話をしたが、これらの望遠鏡の活躍でようやく遠方宇宙に潜む若い銀河が見つかってきた。現在（2011年11月）までに発見された最も遠い銀河までの距離は、132億光年である。80年代には100億光年より遠くにある銀河が1つも見つかっていなかったことを考えると、画期的な進歩がここ十数年の間にあったことを意味する。

だが、これらの大望遠鏡の研究成果だけでは、宇宙の歴史を完全に理解することはできない。

・宇宙の年齢は何歳か？
・宇宙の形はどうなっているのか？
・宇宙を構成しているものは何か？
・銀河の種はいつ、どうやって仕込まれたのか？

これらの基本的な問題を解明しなければならないからだ。どうしたら答えが見つかるだろうか？　やはり、宇宙の枠組みを調べる観測が必要だろう。

膨張する宇宙

私たちの住む宇宙が膨張していることは、1929年、エドウィン・ハッブルによって発見された。

ハッブルは、銀河系の近くにある銀河の距離と視線速度の関係を調べてみた。すると、遠い銀河のほうが、大きな視線速度を持つことがわかった（図4-13）。これはのちにハッブルの法則と呼ばれるようになった。銀河の視線速度を v（km/秒）、距離を D（Mpc）とすると、ハッブルの法則は次の式で表される。

$$v = H_0 D$$

ここで H_0 は比例定数だが、宇宙の膨張率を与える。これはハッブルの発見にちなみ、ハッブル定数と呼ばれる。

このハッブルの法則は、私たちの住む宇宙が膨張していることを意味している。もし、宇宙が膨張していなければ、近くの銀河も遠くの銀河も、お互いの位置関係を変えないので、運動しているようには見えない。つまり、視線速度は銀河までの距離によって変わることはない。もちろん、1個1個の銀河はそれなりの運動をしているだろう。しかし、そのような運動で、ハッブルの法則のような系統的な関係が出てくることはない。

では、宇宙が膨張していると、どうしてハッブルの法則が理解できるのだろう？　図4-14を見てほしい。銀河は宇宙のある場所に固定されているとしよう。簡単のため、銀河はその場所で静止しているとする。ここで、銀河がある場所に固定されている宇宙が膨張している場合を考える。宇宙が膨張

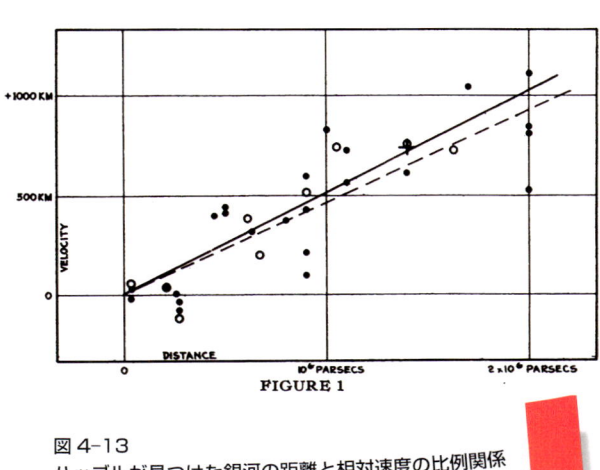

図4-13
ハッブルが見つけた銀河の距離と相対速度の比例関係
(Edwin Hubble 1929, PNAS, **15**, No.3 より)

しているため、銀河は静止しているにもかかわらず、他の銀河から見ると遠ざかるような運動をすることがわかる。しかも、遠くにある銀河のほうが、より速い速度で遠ざかるように観測される。これはまさにハッブルの法則に表れていることだ。

　ここで注意しておきたいことは、宇宙膨張の意味である。宇宙が膨張していると聞くと、宇宙の体積が増えていく現象のように思われるだろう。しかし、ハッブルの法則で示された宇宙の膨張は、宇宙の物差しが伸びていくような現象なのだ。今の1メートルは、宇宙膨張のために昔の1メートルより長くなっていると思えばよい。銀河は宇宙空間のある場所に張りついていると思ってよい。だが、銀河を含む宇宙が大きくなってきているのだ。

　ところで、ハッブルの名前は第3章でも紹介した。銀河のハッブル分類（図3-3）を思い出してほしい。彼は銀河のみならず、宇宙論の分野でも大活躍したのだ。天才というしかない。だが、彼はノーベル賞をもらっていない。なぜだろう？　誰しも不思議に思うだろう。じつは、彼が存命中は、天

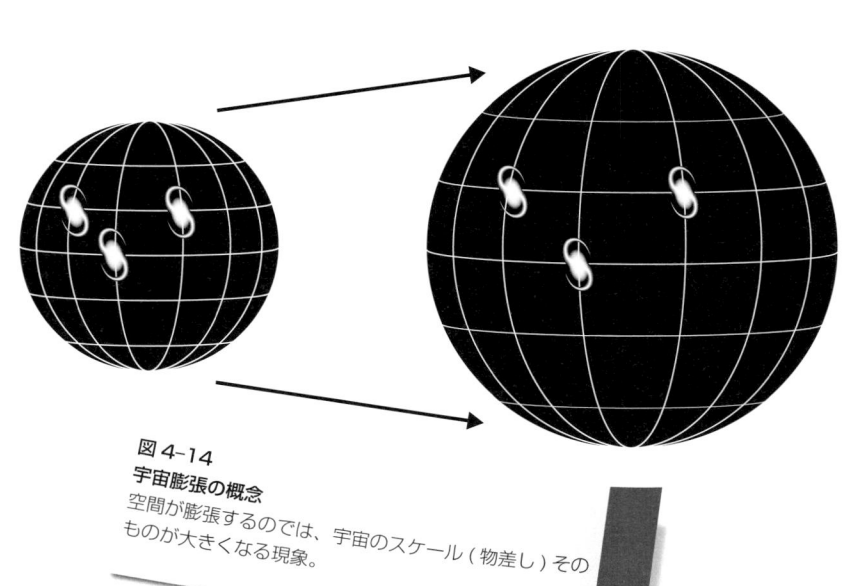

図 4-14
宇宙膨張の概念
空間が膨張するのでは、宇宙のスケール（物差し）そのものが大きくなる現象。

文学はノーベル賞の対象外だったのだ。今では天文学（宇宙物理学）は受賞の対象になっているのだが、残念というしかない。

⭐ 宇宙膨張率——ハッブル定数

では、宇宙はどのぐらいのスピードで膨張しているのだろう？　つまり、

・宇宙の膨張率はどのぐらいか？　　　★

という問題だ。これは、すでに紹介したように、

・ハッブル定数の値はいくらか？　　　★

という問いかけと同じだ。

現在では、この値は1メガパーセク（パーセクの10^6倍、326万光年）あたり、秒速約70キロメートルで膨張していることがわかっている。つまり、

$$H_0 = 70 \text{ km}/秒 \cdot \text{Mpc}$$

となる。Hはもちろんハッブルの頭文字だ。添え字の"0"がついているが、これは現在における値であることを意味する。ハッブル定数がこの値に落ち着くまで、紆余曲折があった。そもそも宇宙膨張を発見したハッブルが得たのは

$$H_0 = 536 \text{ km}/秒 \cdot \text{Mpc}$$

という大きな値だった（図4-16）。

その後は50から100の間に落ち着いたが、なかなか決着を見なかった（図

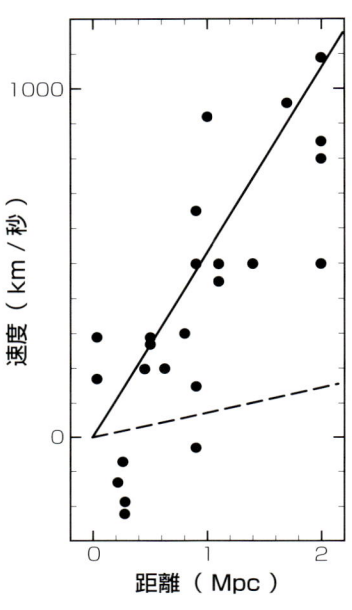

4-16)。そして、決着をつけたのがハッブル宇宙望遠鏡による観測だ。もともとハッブル宇宙望遠鏡を打ち上げる動機づけになった重要な研究テーマが、ハッブル定数の決定だったのだ。だからこそ、宇宙望遠鏡の名前にハッブルの名前がついたといってもよい。宇宙に出た甲斐があった。このおかげで、宇宙の年齢に大きな制限がついたからだ。

図 4-15
銀河の視線速度と距離の関係
図 4-1 でハッブルが得た結果（●と実線）は、現在の観測（破線）とは大きく異なる

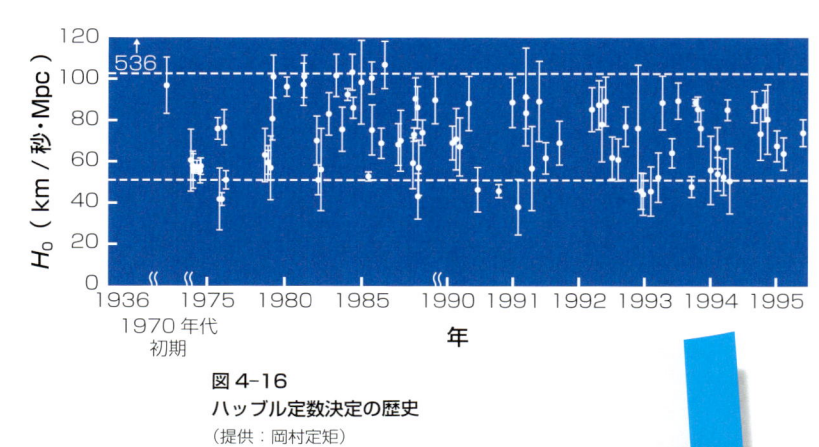

図 4-16
ハッブル定数決定の歴史
（提供：岡村定矩）

✦ 宇宙のハッブル年齢

　ハッブル定数の単位（km / 秒・Mpc）を見ると、キロメートルもメガパーセクも長さの単位なので、次元としてはキャンセルされる。したがって、ハッブル定数の単位は（1 / 時間）の次元を持つ。これは面白い。ハッブル定数の逆数をとると、なんと時間の次元を持つのだ。これはハッブル時間と呼ばれ、宇宙の年齢の目安を与えてくれる。計算してみると

$$T_{\text{Hubble}} = 1 / H_0 = 140 \text{ 億年}$$

という値が出てくる。あとで述べるが、この値は、より精密に測定された宇宙年齢である137億年にきわめて近い。

　私たちの住む宇宙は膨張している。これはまぎれもない観測事実だ。ところで、膨張の反対は収縮である。もし時間をさかのぼっていくと、困ったことになる。この広大な宇宙は1つの点になってしまうからだ。

　では、私たちの宇宙は約140億年前に"点"から始まったのだろうか？当たらずといえども遠からずだが、点はまずい。点は体積を持たないので、すべての物理量が無限大に発散してしまう。もう1つの問題は、"点"だったその前は、宇宙はどうなっていたかがわからないことだ。時間が休むことなく刻まれているのなら、点の前にも時間があったはずだ。その場合、私たちは"点"以前の宇宙についても説明しなければならないことになる。

✦ ビッグバン宇宙論

　点から始まるかどうかは別にしても、時間をさかのぼっていけば宇宙が収縮していくことは確かだ。この問題の重要性に気がついた天才的な物理学者がいた。ロシア生まれのジョージ・ガモフだ。彼は収縮した宇宙の物理状態を考えた。この広大な宇宙をほぼ1点に集めるのだから、膨大なエネルギー

密度になることは想像に難くない。想像を絶するほど、温度が高く、圧力も高い。彼はその状態をファイアー・ボール（火の玉）と名づけた。そして、ファイアー・ボールが爆発的に膨張し、宇宙が進化してきたと考えたのだ。1946年のことだ。

　今では、標準宇宙モデルとして認められているが、このアイデアは当初、袋叩きの憂き目を見た。宇宙が膨張しているように見える観測事実は認めるものの、宇宙は定常であると主張する保守的な天文学者のほうが圧倒的に多かったからだ。その親玉はイギリス、ケンブリッジ大学の秀才フレッド・ホイルだった。彼はあるときガモフに向かって

　「そんな考えは大ボラだ！」

と罵った。この"大ボラ"は英語の俗語で"ビッグバン"という。このおかげで、ガモフのファイアー・ボールモデルはビッグバンモデルと呼ばれるようになった。いやはや、世の中何が幸いするかわからないものだ。

✦ ビッグバン宇宙論の観測的証拠

　宇宙が膨張していること自体、ビッグバン宇宙論をサポートする観測だ。だが、ガモフはもう1つ面白い観測的証拠を予言していた。優れた理論というものは、必ずその観測的証拠（実験的証拠）を予言するものだが、まさにビッグバン宇宙論がそれだった。

　宇宙はファイアー・ボールの大爆発で始まる。宇宙は急激に膨張を始めるが、宇宙は外界から熱の出入りはないから、当然どんどん冷えていく。この現象を断熱膨張という。しばらくは高温状態が続くので、原子は電離してプラズマになっている。つまり、水素原子は陽子と電子がバラバラの状態になっている。宇宙には光も満ちているが、プラズマの中を光（電磁波）が伝播しようとすると、たくさんあるプラズマに散乱され、宇宙の中を自由に飛び交えない状況にある。宇宙はどん曇り状態なのだ。ところが、宇宙膨張が

進んで、宇宙の平均温度が約 3000 K になると、状況が一変する。陽子と電子がよりを戻し、中性の水素原子になるからだ。こうなると、光はプラズマに散乱されることはなくなり、宇宙の中を自由に伝播できるようになる。どん曇り状態から一気に宇宙は晴れ上がった。宇宙年齢にして、約 40 万歳の頃だ。

この頃の宇宙は、大きさが現在の宇宙の約 1000 分の 1 しかなかった。逆にいうと、宇宙はその頃と比べて 1000 倍の大きさに膨れ上がった。それが、現在の宇宙だ。

晴れ上がった宇宙で放射された温度 3000 K の熱放射は宇宙膨張の影響で、波長が 1000 倍引き伸ばされて観測される。波長が伸びた分、エネルギー(温度)も下がる。そのため、温度は 1000 分の 1 になるので、3000 K の熱放射は 3 K の熱放射として観測される。この放射のピークは電波(マイクロ波)で観測される。そして、宇宙のどの方向を見てもほぼ同じ温度で観測されるはずだ。ガモフはこの放射を予言したのだ。

これは宇宙マイクロ波背景放射と呼ばれる。ガモフの予言値は 5 K だったが、当時の観測技術では検出は無理だろうと思われていた。もちろん、ビッグバン宇宙論と心中したいと思う観測者もほとんどいなかっただろう。

★ 宇宙マイクロ波背景放射

そして時は流れた。ガモフの予言から 20 年近く経った頃、奇跡が起きた。アメリカのベル研究所にある口径 7 メートルの電波望遠鏡(ホーン形状のアンテナ)で受信機の調整をしていた 2 人の電波技術者、ペンジアスとウィルソンが空のあらゆる方向からやってくる微弱な電波に悩まされていた。温度にして 3 K。彼らはなんとかしてこの厄介なノイズを除去しようとしていたが駄目だった。じつはこれが宇宙マイクロ波背景放射だったのだ。1965 年、こうしてビッグバン宇宙論の観測的証拠が得られた。

その後、2 つの宇宙電波天文台がこの宇宙マイクロ波背景放射の観測をした。COBE(宇宙マイクロ波背景放射探査機)と WMAP(ウィルキンソン

マイクロ波背景放射異方性探査機）だ。ここでは、最新の WMAP の暴き出した宇宙マイクロ波背景放射の姿を見てみよう（図 4-17）。

　図 4-17 を見ると、宇宙マイクロ波背景放射の姿はずいぶんざらついたように見えるかもしれない。しかし、平均温度 3 K に対して、温度の揺らぎは 30 μK（マイクロは 100 万分の 1 を意味する）しかない。つまり、10 万分の 1 程度の揺らぎしかない。

　この揺らぎは銀河などの構造を形成するときにはとても大切なものだ。温度の揺らぎは物質の密度の揺らぎを意味する。このわずかな密度の揺らぎが現在の銀河の元の姿ともいえる。ずいぶんと育ったものである。

　次節で述べるが、この揺らぎは、宇宙がインフレーションで急激に膨張したときに発生した量子揺らぎが元になっている。

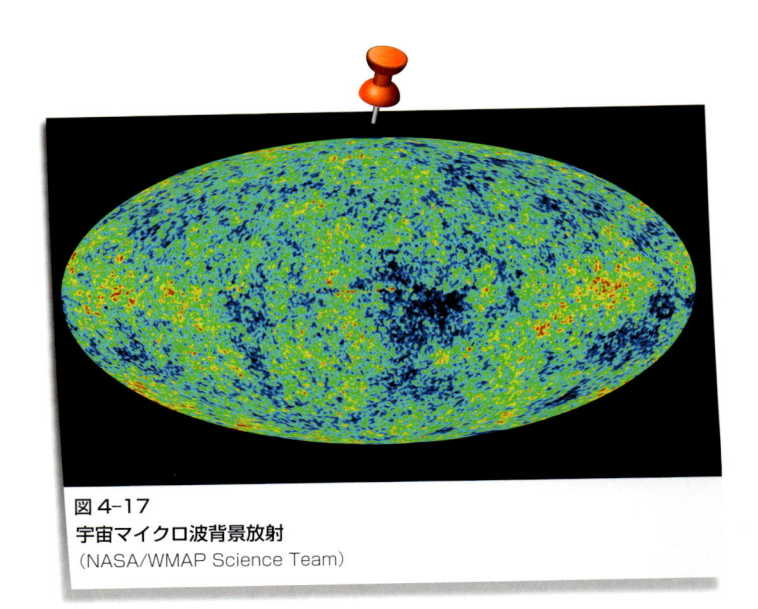

図 4-17
宇宙マイクロ波背景放射
(NASA/WMAP Science Team)

⭐ 宇宙の音響

宇宙が晴れ上がるまでの38万年の間、宇宙の状態はどうなっていたのだろう。後で説明するが、宇宙はビッグバンが起きて最初の3分の間に、暗黒物質や原子物質（水素、ヘリウムなどの原子からなる物質）をつくった。その他に、電磁波も放射されている。これらの物質と放射（光子）がミックスされた世界になっていたはずである。

それには、ドロドロした流体をイメージすればよい。ところが、宇宙の密度は非常に高い（重力が強い）ので、その流体は私たちが一般的にイメージするような川の流れなどと全く違った世界である。

重力が支配的な場合、私たちはアインシュタインの構築した重力理論（一般相対性理論）を適用しなければならない。つまり、その頃の宇宙を一言で

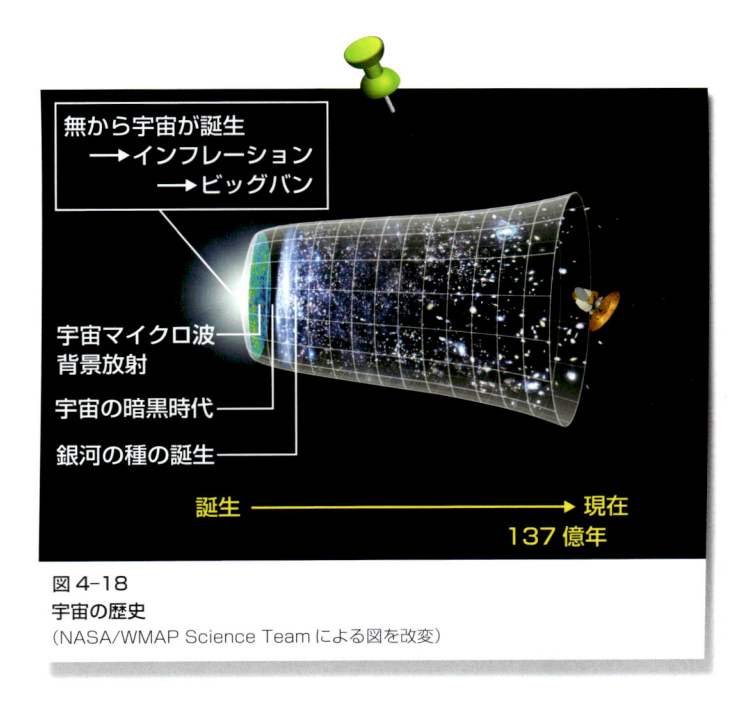

図4-18
宇宙の歴史
（NASA/WMAP Science Teamによる図を改変）

表現すると、相対論的な流体の状態にあったことになる。

なんだか難しそうな状態ではあるが、流体であることには変わりはない。情報の伝達速度などの評価は相対論の効果を考慮する必要があるが、とにかく流体として扱える。

水は典型的な流体である。私たちが海やプールに潜ると、耳栓をしていないかぎり、音を聞くことができる。流体では密度の高低（粗密波）が伝わることで、私たちはこの音を聞くことができる。つまり、エッセンスは

・宇宙マイクロ波背景放射には、その頃の宇宙の音が仕込まれている ✱

ことである。私たちは温度の揺らぎを通して、宇宙の音を聴けばよい。そして、

・宇宙の音の具合で、宇宙の性質が理解できる ✱

ことになる。宇宙マイクロ波背景放射の謎解きは、初期宇宙の音響学を語ることに他ならない。

✱ 宇宙進化の描像

この宇宙マイクロ波背景放射のデータから得られた情報や、ハッブル宇宙望遠鏡の観測で得られたハッブル定数を組み合わせると、宇宙進化の描像が得られる（図4-18）。いわゆるビッグバン宇宙論だ。

この図で、全体の概要をつかんでいただきたい。詳細は次節で解説することにしよう。

4-2 ビッグバン宇宙論

科学になった宇宙論

　私が大学院に入学した 1980 年代の初めの頃、宇宙の歴史は全くといってよいほどわかっていなかった。宇宙に関する本を買って読むと、ビッグバン宇宙論と定常宇宙論が 2 つ仲良く紹介されていたものだ。宇宙の年齢については推して知るべし、そんな状況だった。

　宇宙論は長い間、哲学的、あるいは思弁的な学問だった。だが、アインシュタインの一般相対性理論（重力理論；1916 年公表）のおかげで、科学の範ちゅうに入ってきた。

　21 世紀の今、大変驚くべきことかもしれないが、私たち人類は宇宙の歴史をかなり正確に理解できるようになってきている。理論では物理的な宇宙誕生のシナリオを紡ぎ出し、観測ではすべての波長帯で宇宙の精密測定ができるようになった。これら理論と観測の両輪がうまくかみ合い、宇宙論は確かに科学的に議論できるようになった。すでに図 4–18 で紹介したが、宇宙の誕生と歴史を簡単にまとめておくことにしよう。

無から、インフレーション、そしてビッグバンが始まった

　さきほど、1980 年代の初めの頃、宇宙の歴史は全くといってよいほどわかっていなかったと述べた。だが、じつはその頃、宇宙誕生の謎を解く重要な理論が立て続けに提案されていた。佐藤勝彦とアラン・グースによる

　　"インフレーション仮説"　　★

宇宙は誕生した頃、急激な膨張を経験したとするアイデアだ。

　もう 1 つはアレキサンドル・ビレンケンによる

"無からの宇宙誕生仮説" ★

だ。荒唐無稽なアイデアに見えるかもしれないが、このあと述べるように、じつはこの仮説はとても魅力的だ。

そして、1990年代に入ると、宇宙マイクロ波背景放射の精密観測が行われ、インフレーション仮説は観測的に検証された。その頃から、私たちの宇宙の理解は急速に進んだ。その結果が図 4-18 に示されたものだ。もちろん、この図で示したものが唯一の理論というわけではない。日々たくさんのアイデアが提案されているのが現状だ。だが、物理的に可能性の高いシナリオを提示しておくことは大切だろう。以下では図 4-18 に従って、順を追って説明しよう。

✦ 無という混沌

まず、私たちの住む宇宙は"無"から生まれた。宇宙は誕生の頃、非常に小さかったことは確かだ。そのような極微の世界ではニュートン力学を使うことはできず、量子力学を使うことになる。量子の世界はやっかいで、すべての物理量が揺らいでいる。位置も、速度も、そして時間でさえ揺らいでいる。ビレンケンはロシアで宇宙論の研究をしていたが、あるとき、面白いことに気がついた。宇宙の半径をゼロにしても、ある有限の確率で宇宙が誕生するのだ。つまり、"無"の状態からでも宇宙が誕生できる。無の状態のときは時間もない。都合のよいことに、宇宙誕生のとき、時間も生まれたのである。そのため、誕生以前のことを考える必要もない。

こうして"無"から生まれた宇宙の中身は、なんと真空である。量子の世界では真空も揺らいでいる。生まれたばかりの宇宙は、最低のエネルギー状態を持つ真空（真の真空と呼ばれる）ではない。それよりエネルギーの高い状態の真空（偽の真空と呼ばれる）になっている。このエネルギーを利用して、宇宙は指数関数的な膨張を果たした。宇宙年齢が 10^{-36} 秒から 10^{-34} 秒の間に、宇宙はなんと 10^{43}（〜 e^{100}）倍も大きくなることができた。これが

インフレーションである。

　まさに一瞬の出来事だが、インフレーションは膨大な熱エネルギーを残して終わる。じつは、この熱エネルギーがビッグバンを引き起こしたのだ。その後、わずか 3 分間のうちに、水素原子核やヘリウム原子核をつくり、着々とものづくりの準備を始めた。

　宇宙の温度は誕生の 3 分後には 1000 万 K を下回るが、まだかなり高温である。そのため、ガスは電離されたままの状態を保つ。プラズマというものだ。しばらくは陽子と電子の世界が続いた。

　その後も膨張とともに宇宙の温度は下がり続ける。そして、宇宙年齢が 38 万歳の頃、宇宙の状態が急変する。温度は 3000 K 程度になり、こうなると陽子と電子は結合し、中性水素原子ができ上がり、宇宙が晴れ上がる。これが、前節で紹介した宇宙マイクロ波背景放射の観測される時期に相当する。人類が見ることができる、宇宙最古の姿だ（図 4-17）。

宇宙の暗黒時代を乗り越えて

　宇宙が晴れ上がった頃から、しばらく宇宙には天体が生まれない。星もなければ惑星もない。つまり、宇宙には電磁波を放射するエネルギー源がない状態になっている。そのため、宇宙はまさに暗闇に支配されていた。この時代を「宇宙の暗黒時代」と呼ぶ。

　この時代、宇宙は何もしなかったというわけではない。宇宙マイクロ波背景放射の観測でわかったように、この段階でできていた密度の揺らぎを元に、少しずつ重力で周辺の物質を集め、成長をし続けていたのだ。宇宙は休むことをしない。

　ところで、この重力成長を担っていたのは何だろう？　頭の中に思い浮かぶのは私たちの知っている原子物質である。この頃の宇宙にあった元素は限られている。ビッグバンのときにつくられた水素とヘリウムだけだ。ところが、これらの生成量にはおのずと限界がある。何しろ、宇宙最初の 3 分間に合成されたのだ。

実際に宇宙を観測してみると、原子として質量を担う陽子や中性子（バリオンと呼ばれる。バリオンはギリシャ語で"重い"ことを意味する）の量を観測してもビッグバンのときに生成された半分ぐらいの質量しか検出できていない。残り半分は、まだ観測できていないと考えられているのが現状だ。

　そして困ったことがある。ビッグバンのときに生成されたバリオンの質量を計算してみると、銀河をつくるような巨大なガスの塊を速やかに成長させるほど、大量に存在しないことがわかるからだ。いったいどうなっているのだろう？　現実の宇宙には銀河系を含めて多数の銀河が生まれて、でき上がっているのだ。

　何かおかしい。宇宙には私たちの知らない物質があるというのだろうか？

4-3　宇宙を操るもの

★★★ 暗黒物質

　宇宙の進化を促進する何かが必要であることは間違いない。ためしにコンピュータを使って宇宙の進化をシミュレーションしてみる。初期条件は宇宙マイクロ波背景放射で検出された密度揺らぎの状態を採用する。このあと、宇宙で銀河がどのようにしてできるかは、質量を担うものの重力に支配される。たくさんあれば、早く銀河ができる。だが、もし質量を担うものがあまりなければ、銀河はなかなかできない。当たり前である。くり返すが、銀河の形成は質量を担うものの重力に促されるからだ。

　では、計算結果を見てみよう。私たちの知っている原子物質だけをコンピュータに仕込む（図4-19の左側のパネル）。すると、案の定、うまくいかない。そこで、私たちの知っている物質の総質量の約5倍もある未知の

物質を入れてみる。この物質が何であるかはここでは問題にしない。ただ、質量があって、重力相互作用するものだと思えばよい。

なんだか恣意的だが、とにかく様子を見てみよう。今度は、なんとうまくいくではないか（図 4-19 の右側のパネル）。未知の物質の担う重力のおかげで原子物質が集まり、銀河が成長していく。宇宙年齢である 137 億年の間に、現在観測されるような銀河ができるのだ。

さて、この銀河進化を助ける未知の物質だが、これは暗黒物質（ダークマター）と呼ばれるものだ。正体は今のところ不明だが、素粒子の仲間だろうと考えられている。暗黒物質が必要であることは図 4-19 のシミュレーションを見れば一目瞭然だ。現在、宇宙にはたくさんの銀河があり、私たちもその 1 つである銀河系に住んでいる。暗黒物質がなければ、美しい銀河に彩られた現在の宇宙はなかった。

暗黒物質の観測的な証拠は他にもある。

・銀河の周りを取り囲むように存在していて、
　銀河の回転を安定化させている　　　　　　　　　　★

・銀河の集団（銀河団）にも存在していて、
　銀河団の形成と安定化に貢献している　　　　　　　★

とにかく、銀河スケールで宇宙を観測すると、暗黒物質の証拠が必ず出てくる状況だ。そのため、今やその存在を疑う人はいない。

★ 暗黒エネルギー

最近の宇宙マイクロ波背景放射の精密な観測から、宇宙の質量を担うものが明らかにされた。その結果を図 4-20 に示す。この図を見るとがく然とするだろう。私たちの知っている原子物質はわずか 4.6 % を占めるだけだ。残り 23 % が暗黒物質、そして 72 % を占めるのが暗黒エネルギー。

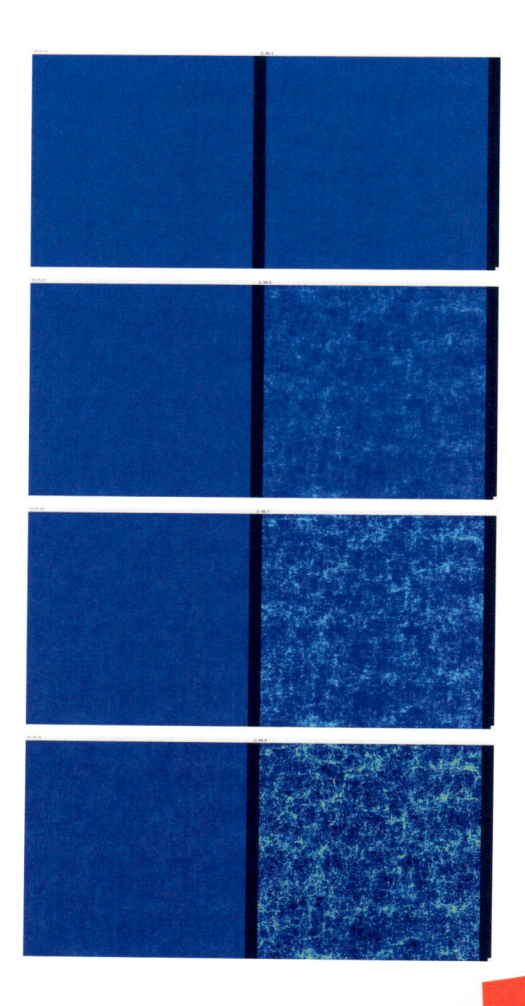

図 4-19
宇宙大規模構造の形成シミュレーション
暗黒物質がない場合（左）とある場合（右）。上から宇宙年齢 1 億年、10 億年、60 億年、および 137 億年。
（提供：吉田直紀）

まさか……。誰しもそう思う出来事だ。だいたい、暗黒エネルギーとは何なのか？　誰がそんなものを注文したのか？　少なくとも人類はしていないはずだ。私もしていない。

　しかし、観測事実は暗黒エネルギーがあることを示している。これはかなりの難物だ。このエネルギーは力を及ぼすことができる。暗黒物質の3倍の質量密度を持っているのだから、こちらのほうが銀河の進化に与える影響は大きいように思う。ところが、そうではない。暗黒エネルギーの及ぼす力は引力ではなく、斥力（せきりょく）なのだ。つまり、反発する力を与える。

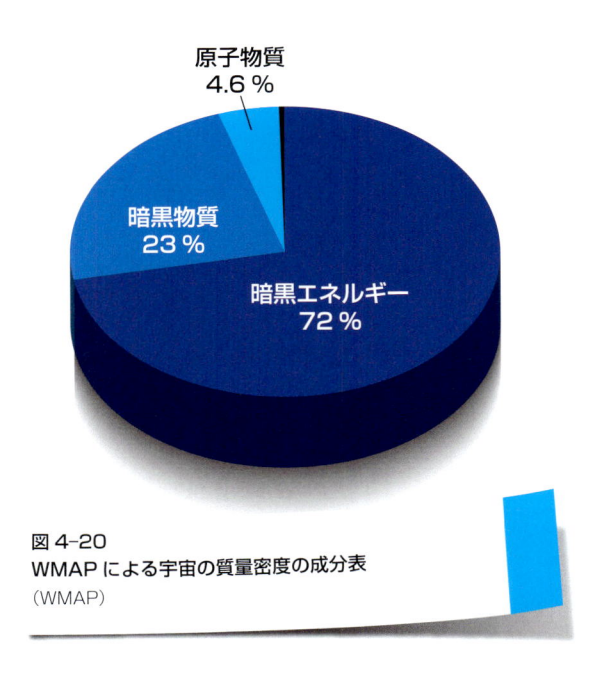

図4-20
WMAPによる宇宙の質量密度の成分表
（WMAP）

では、暗黒物質の重力の影響を弱めてしまうのではないか？　ところが、また肩すかし。そんな心配はない。なぜなら暗黒エネルギーは宇宙に一様に満ちているからだ。銀河の形成を助けるならば、ある場所（領域）でその効果を発揮しなければならない。実際、暗黒物質はその重力で塊をつくっている。その中で銀河を育んでいるのだ。

　宇宙に一様に満ちている斥力があるとどうなるのだろう？　これはよい質問だ。だが、その答えはあまり歓迎したくないものだ。何しろ、暗黒エネルギーのおかげで、宇宙膨張は加速されていることがわかっているからだ。

　もし、これに打ちかつ力がないとしたら？　答えは予想通り。宇宙は永遠に加速しながら膨張を続ける。その結果、宇宙は絶対零度の冷たい世界になっていく。それはビッグ・フリーズと呼ばれる宇宙の未来予想図だ。もちろんこれは1つの可能性でしかない。暗黒エネルギーがあるとき謀反を起こして、物質になったらどうなるだろう。状況によっては、宇宙は収縮していくだろう。その後に待ち受ける宇宙の運命は過酷だ。宇宙はガモフの思いついたファイアー・ボールに行き着く。これはビッグ・クランチと呼ばれる。

　どうにも穏やかではない未来が待ち受けているようで恐縮だが、それは宇宙の勝手であって、私たちに何か制御できる力はない。どの運命も受け入れるという寛容性が必要であることだけは間違いないといっておくことにしよう。

　ということで、先に進むことにしよう。

4-3 宇宙を操るもの

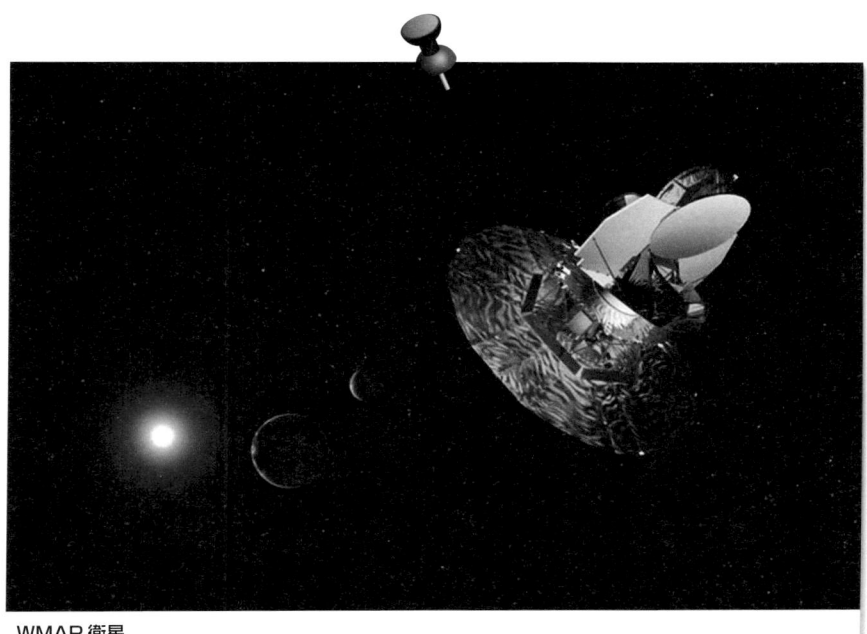

WMAP衛星
(NASA/WMAP Science Team)

4 銀河から宇宙へ

明けない夜はない。それは正しい。しかし、明けない宇宙はないとはいえない。幸いにも私たちの住む宇宙は明けた。宇宙の一番星が輝いた瞬間に。
（提供：山本春代）

第5章

宇宙から一番星へ

美しい空の向こう
そこに宇宙の一番星はあるのだろうか
いつかは通らなければならない道だ
迷うことなく、歩を進めよう

（提供：二村明彦）

5-1　銀河の誕生と宇宙の一番星

★ 階層構造的合体
——量子揺らぎからダークマターハローへ

　私たちは全く不可思議な宇宙に住んでいるようだ。ところで、銀河の歴史はどうなっているのだろう？

　まず、出発点について考えてみよう。私たちが観測的に確認できる銀河の種は宇宙マイクロ波背景放射のマップ（図4-17）に見られる温度揺らぎ（密度揺らぎ）でしかない。平均値に対してわずか10万分の1の大きさだ。だが、これらの揺らぎから銀河は出発したのだ。それ以外、道はない。

　では、この揺らぎの元は何だろう？　最初に仕込まれた種はインフレーションの時期の量子揺らぎである。つまり、銀河誕生は宇宙誕生後 10^{-36} 秒後には仕込まれたことになる。その後、時間の経過とともにこの揺らぎは増長したが、宇宙マイクロ波背景放射の観測でわかったように、宇宙年齢38万年後でもその揺らぎの大きさは平均値の10万分の1程度でしかなかった。それでも、この揺らぎが元になって、銀河の形成につながったのである。

　宇宙年齢が1億年ぐらいになると、この揺らぎは太陽質量の100万倍の質量を持つ塊に成長することができる。ただし、この質量は主として暗黒物質が占めている。そのため、これらの塊はダークマターハローと呼ばれる。

　原子物質はこの質量の数分の1だが、それでも太陽質量の10万倍はある。この原子物質の雲の中で密度の高い場所が重力収縮して、宇宙の一番星が生まれると考えられている。

★ 宇宙の一番星

　このように、宇宙の一番星が生まれるのは宇宙年齢が1億年の頃である。したがって、宇宙の晴れ上がりの時期からそれまで宇宙には星が1個もな

かった。宇宙は闇に包まれていたことになるので、その時期を「宇宙の暗黒時代（ダークエイジ）」と呼んでいる。

さて、宇宙の暗黒時代をブレークする一番星の性質はどのようなものだろうか。それはダークマターハローの中に集められた原子物質の性質で決まる。一番星の生まれる前に星はできない。そのため、星の内部の熱核融合で合成される元素（炭素およびそれより原子番号の大きな元素）はまだ存在しない。ビッグバン元素合成で生成された水素とヘリウムがおもな成分にならざるを得ない。

ダークマターハローの中のこれら原子物質が冷えて重力収縮していくと、原子は分子に姿を変える。つまり、水素は水素分子になっている。水素分子はあまり放射をしないので、水素でできた分子ガス雲の外に、放射でエネルギーを逃がしにくい。そのため、現在の銀河にある分子ガス雲のように十分冷えることができない（現在の銀河にある分子ガス雲は一酸化炭素分子などが効率よく電波を放射するので、ガス雲は十分冷えることができる）。冷えにくいものをガス自身の重力だけで収縮させようとしても限界がある。ガスの熱運動が圧力として働き、重力収縮を妨げるからだ。この圧力に抵抗して星をつくろうとすれば、大量のガスが必要になる。重力を稼ぐためだ。そのため、でき上がる星の質量は重くなる。太陽質量の1000倍もあるような超巨大星ができるのではないかと推測されるゆえんだ（図5-1、図5-2）。

★ 階層構造的合体——銀河の誕生

ひとたび、このような超大質量星が誕生すると、約100万年後には超新星爆発を起こして死ぬ。そのとき、星の内部で合成された重元素を周辺部にまき散らす。また、爆発の際にも新たな重元素を合成して、周辺部にまき散らす。このように星は、周りのガスを重元素で汚染していく。水素とヘリウムしかなかった宇宙は、多様な元素に富む宇宙への一歩を歩みはじめるのだ。

ここで、重元素汚染という表現を用いたが、あまり適切ではないかもしれない。なぜなら、これがなければ私たち人類は生まれなかったからだ。宇宙

5 宇宙から一番星へ

普通の星

電波による放射冷却

重元素（水素、ヘリウム以外の元素の総称）を含む分子の放射で温度が下がり、太陽程度の質量の星が分子ガス雲から生まれる。

宇宙の一番星

重元素がないため、放射で温度が下がらない。そのため、太陽の1000倍程度の大質量星が分子ガス雲から生まれる。

図 5-1
普通の星（重元素を含む星）と宇宙の一番星の性質の比較

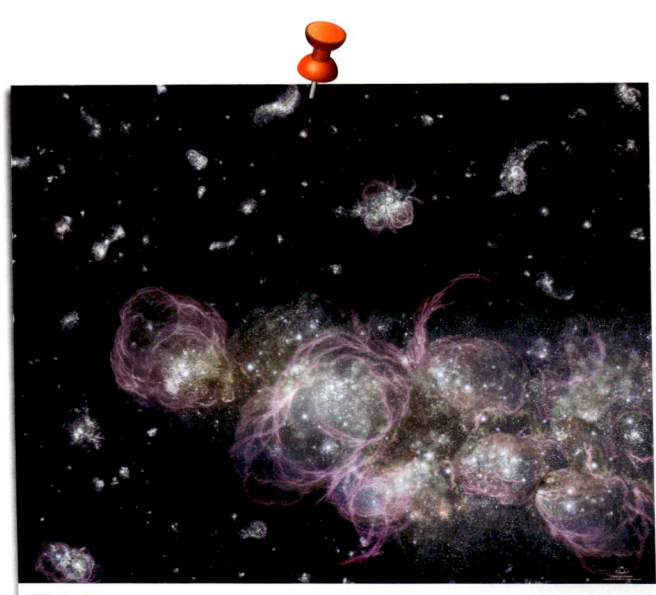

図 5-2
宇宙の一番星が生まれている様子をイラスト化したもの
（Adolf Schaller/STScI）

は多様性を求めたとしておこう。

　さて、星をつくりながらダークマターハロー同士はどんどん合体していく。現在の宇宙で観測されるような巨大な銀河になるため、太っていかなければならないからだ。この過程がうまく進行するのも暗黒物質が主役を演じているおかげだ。こうして、100億年以上の時間をかけて、銀河を含めて宇宙の構造ができ上がってきたのだ（図5-3）。

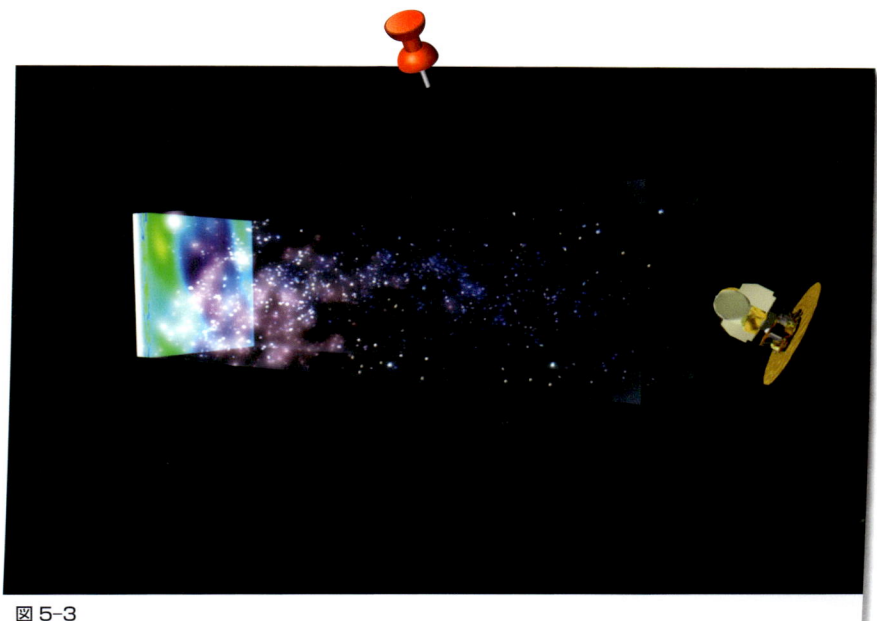

図5-3
宇宙における構造形成の歴史
(NASA/WMAP Science Team)

5-2　生まれたての銀河の肖像

少年時代

　人間は思い出に浸りたがる。かくいう私も例外ではない。少年時代は何時も懐かしく、胸によみがえるものだ。

　では、銀河はどうだろう？　聞いてみたことはないが、銀河だって同じだろう。問題があるとすれば、銀河がそれを覚えているかどうかだ。何しろ彼らの年齢はざっと130億歳だ。100億年以上前のことを思い出せというのは酷かもしれない。

　たとえば、アンドロメダ銀河の少年時代はどうだったのだろう？　100億年前、現在見るような立派な円盤銀河だったのだろうか？　答えはもちろんノーだ。宇宙の年齢は137億年と推定されている。現在受け入れられているポピュラーな宇宙誕生のシナリオはビッグバン宇宙論で、誕生のときには物質と呼べるものは何もなかった。星もなければ銀河もない。原子もなかった状態から私たちの宇宙は生まれたのだ。

　ということで、アンドロメダ銀河も最初から宇宙にあったわけではない。宇宙の歴史の中で生まれ、100億年以上の時間をかけて育ってきたのだ。人間もそうだが、最初から大人で生まれてはこない。銀河にも赤ちゃんの時代があり、少年時代もあったはずだ。私たちはそれを見つける旅に出なければならない。

生まれたての銀河

　さて、問題はどうやって遠方の銀河を探し出すかだ。ただ単に暗い銀河が遠い銀河と考えるのはよくない。そもそも小さな銀河で、暗い場合もある。"遠い"という動かぬ証拠がないといけない。そこで、私たちは考える。

　ブルース・パートリッジとジム・ピーブルス。天才とも秀才ともいえる偉

大な天文学者だ。彼らも銀河誕生の問題について考えた。こんな面白い問題はない。答えは誰も知らない。彼らにしてみれば、格好の研究テーマだっただろう。1967年のことだから、もう40年以上も前のことだ。

彼らは

・生まれつつある銀河はどのように見えるか？　　★

そして、

・実際に観測可能か？　　★

ということを調べてみた。もちろん生まれつつある銀河が本来どのような性質を持っているかはわからない。だが、星が生まれることは間違いない。銀河は星の大集団だからだ。そこで、彼らは知っている知識を総動員して、素直に銀河誕生の頃を考えてみた。

銀河系の現在の様子が適用できるとは限らないが、とりあえずガイドラインはある。太陽系の近傍を見ると、銀河系には太陽のような軽い星から、オリオン大星雲でできているような大質量星もある（太陽の10倍以上重い星を大質量星と呼ぶ）。そこで、銀河誕生のときも軽い星から重い星までできると仮定しよう。ずいぶん安易なように思われるかもしれないが、ある質量の星だけが選択的にできるとは考えにくい。そのため、この仮定はそれほど悪くはない。

大質量星の特徴は表面温度が高く（3万K以上：ちなみに太陽の表面温度は約6000 K）、紫外線を大量に放射する。紫外線は銀河の中の水素ガスを電離し、陽子と電子がよりを戻す。このとき、再結合線と呼ばれるスペクトル線を放射する。その中で、最も強く放射されるのがライマンα輝線だ。このようなスペクトル輝線は、連続光に比べて放射強度が強い。生まれたての銀河を見たければ、星の連続光より、このライマンα輝線のほうがよいので

はないか？　彼らはそう考えた。

水素原子の再結合線

ここでライマンα輝線の説明をしておこう。水素原子は波長91.2ナノメートルより短波長のエネルギーの高い紫外線光子によって電離される。電離すると、水素原子は陽子と電子に分離する。ところが両者は電気的に正と負なので、すぐによりを戻し、再び水素原子になる。これを再結合と呼ぶ（図5-4）。

原子スケールの現象は私たちの知っているニュートン力学などの古典的な物理学で理解することができない。1920年代に構築が始まった量子力学と呼ばれるものでようやく理解できるようになった経緯がある。

水素原子はいろいろなエネルギー状態をとることができるが、不思議なことに、ある決まったエネルギー状態しかとれない。これは量子の世界の約束事だ。一番安定な状態を基底状態と呼び（基底準位ともいう）、最もエネルギーが小さい。そのため、水素原子を放っておくと、この安定な基底状態に

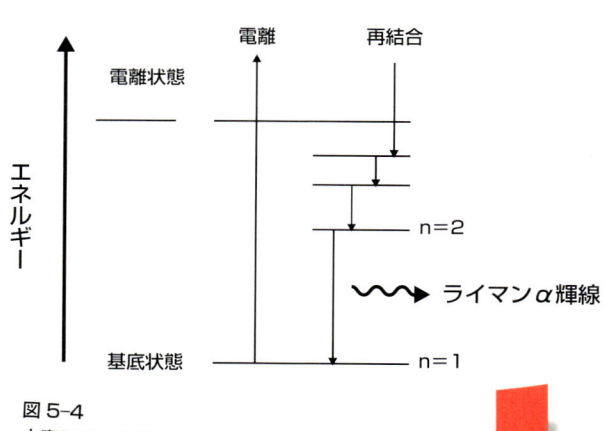

図5-4
水素原子の電離と再結合の様子
第2励起状態（n = 2）から基底状態（n = 1）に遷移するときに、ライマンα輝線を放射する。

落ち着く。

　水素原子が電離されて再結合するとき、どこかのエネルギー準位にいく。基底準位以外の励起された準位にいくと、最終的には最も安定な基底準位まで遷移していくことになる。このとき、遷移する準位間のエネルギー差に相当する電磁波を放射する。これが再結合線と呼ばれるものだ。今一度注意しておくと、遷移するエネルギー準位は連続的ではなく、飛びとびの値を持っている。そのため、再結合線の放射は、ある特定の波長を持つ。これがスペクトル線として観測されるのだ。

　再結合線の中で基底状態に遷移するものを、ライマン系列の輝線と呼ぶ。その中で、最も強く放射されるのは、第2励起準位から基底状態に遷移するときのスペクトル線になる。再結合がどの準位に起こったとしても、基底状態に遷移する経路として、第2準位からのものがどうしても多くなるからだ。これがライマンα輝線と呼ばれるものだ。

✦ 赤方偏移

　ライマンα輝線の静止波長（静止している系から放射される波長）は121.6ナノメートルで、波長帯でいうと紫外線の領域にある。したがって、可視光では見ることができない。ところが生まれたての銀河はものすごく遠方にある。宇宙は膨張しているので（4-1節および図4-14を参照）、遠方の銀河から放射される電磁波は長波長側にシフトする。これは宇宙が膨張しているために銀河間に相対速度が生じるために引き起こされる現象で、赤方偏移と呼ばれる（コラム5）。赤方偏移の量はzという記号で表される。

　赤方偏移zにある銀河からの放射を観測すると、波長は$(1+z)$倍になる。たとえば、赤方偏移が$z=3$だと、ライマンα輝線の観測波長は

$$121.6 \text{ナノメートル} \times (1+3) = 486.4 \text{ナノメートル}$$

になる。これだと可視光で観測することができる。

可視光の観測は人類が最も得意とするところだ。こうして、ライマン α 輝線は生まれたての銀河を探す、非常によい道具になることがわかる。

表 5-1 には赤方偏移と銀河までの距離の対応関係を書いておいたので、参考にしてほしい。

表 5-1
赤方偏移（z）と銀河までの距離の関係

赤方偏移	距離（億光年）
0.1	12.5
0.2	23.5
0.3	33.2
0.4	41.7
0.5	52.8
0.6	56.0
0.7	62.0
0.8	67.4
0.9	72.1
1.0	76.5
2.0	102.9
3.0	114.7
4.0	121.0
5.0	123.4
6.0	127.4
7.0	129.2
8.0	130.5
9.0	131.5
10.0	132.3
20.0	135.4
30.0	136.2

コラム 5　赤方偏移 z

定義：$z = (\lambda_{obs} - \lambda_0)/\lambda_0 = \Delta\lambda/\lambda_0$
（λ_0 は静止波長、λ_{obs} は観測波長、$\Delta\lambda$ は偏移した波長）
観測波長と静止波長との間には
$\lambda_{obs} = (1+z)\lambda_0$
という関係がある

v が c に比べて十分に小さい場合：
$z = v/c$
（v：銀河の視線速度、c：光速度）

v が c に近い値を持つ場合：
$z = [(1+v/c)/(1-v/c)]^{1/2} - 1$

ライマンα輝線銀河

　パートリッジとピーブルスの予言のあと、多くの研究者が遠方銀河から放射されるライマンα輝線の探査に乗り出した。予言は信頼に足るものだった。だから、誰もがすぐに見つかると思った。ところが、思いがけない結果が待っていた。

・探したが、見つからない　　　★

ネガティブな報告だけが論文に載った。
　研究者たちは議論した。

・パートリッジとピーブルスの想定したような銀河形成は起こらないのか？

・ライマンα輝線は周辺の水素ガスに吸収されて見えないのか？　★

理由は判然としない。だが、とにかく見つからないのだ。そして、この状況は90年代に入っても変わらなかった。

1998年——その1

　1998年。私は用事があってハワイ大学天文学研究所に出張した。そのとき、友人であり、ライバルでもあるエスター・フーにあった。彼女は私を見るなり、1つの論文を手渡してくれた。

「見つけたわよ」

そういって微笑んだ。
　何気なく論文を受け取ったものの、そのタイトルを見て驚いた。なんと、

赤方偏移 $z = 3.4$ の銀河の放射するライマン $α$ 輝線を捉えることに成功していたのだ。はっきりいって降参だ。彼女は口径 10 メートルのケック望遠鏡を使い、密かに探し続けていたのだ。そして、彼女の努力は報われたことになる。

だが、どうしてだろう？ みんな探していたのに、どうして彼女の探査がうまくいったのだろう？ 彼女の共同研究者であるレン・カウイ（図 5-7）にも会ったので、秘訣を聞いてみた。

「ケックはどうだった？」

間髪をいれず、彼は答えた。

「そうだな・・・
目の前の鉄のカーテンがするすると上がっていった。
そんな感じだったよ」

図 5-7
ハワイ大学天文学研究所のレン・カウイ
（提供：レン・カウイ）

口径 4 メートルクラスの望遠鏡で検出するには、ライマン $α$ 輝線で輝く銀河は予想より少しだけ暗かった。ただそれだけのことで、ずっと見つからなかったのだ。結局のところ、パートリッジとピーブルスの予言はおおむね正しかったことがわかった。銀河は嘘をつかない。だが、人は往々にしてそのことに気がつかないことがある。

狭帯域フィルターにかける

　では、彼らはどうやって赤方偏移3を超える遠方の銀河を探し出したのだろうか。やみくもに探して見つかるものではない。やはり、網を仕掛けるしかない。その網は"狭帯域フィルター"を使う撮像観測だ。

　彼らはケック望遠鏡を使って、遠方の銀河を探す計画を立てた。1996年、ハッブル宇宙望遠鏡の深宇宙探査プロジェクトであるハッブル・ディープ・フィールドの観測で、赤方偏移5を超える銀河の候補が見つかりはじめていた。しかし、いきなり赤方偏移5を狙うのは危険だ。彼らは遠方銀河探査のプロだが慎重策を取った。

・まずは、赤方偏移3を狙おう

　このプランを実行するために彼らの取った方法は、狭帯域フィルターで赤方偏移3.4のライマンα輝線を捉えるものだった。赤方偏移3.4の場合、ライマンα輝線は

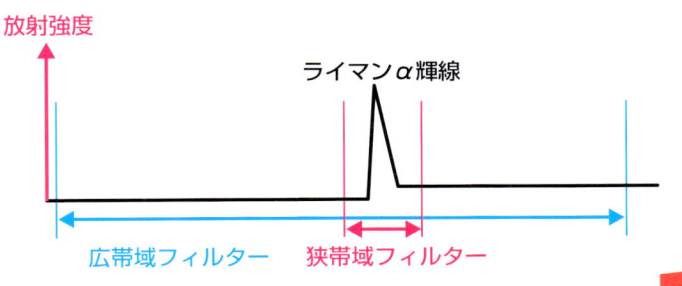

$$121.6 \text{ ナノメートル} \times (1 + 3.4) = 535.0 \text{ ナノメートル}$$

図5-8
狭帯域フィルターで赤方偏移したライマンα輝線を観測する概念図
赤方偏移したライマンα輝線を狭帯域フィルターで捉え、それを挟む波長帯では広帯域フィルターの撮像を行い、ライマンα輝線銀河であることを確認する方法。

で観測される。この波長帯で撮像観測をするために、波長幅が8ナノメートルしかない、狭帯域フィルターをつくったのだ。このフィルターをケック望遠鏡の可視光カメラに取りつけて、ハッブル・ディープ・フィールドと彼ら自身が選んでいたディープ・フィールドであるSSA22の2つのフィールドを観測してみた。すると、2つのフィールドでそれぞれ数個のライマンα輝線で輝く銀河が見つかったのだ。観測の原理については図5-8を見ていただきたい。

このような狭帯域フィルターによるライマンα輝線銀河の探査は80年代後半から行われていた。しかし、いずれも不発に終わり、遠方銀河探査に黄信号がともっていたことは先にも述べた。ケック望遠鏡の口径10メートルの能力がいかんなく発揮された成果だった。

★ 1998年——その2

1998年。この年はフーやカウイたちの赤方偏移3.4のライマンα輝線銀河の発見にとどまらなかった。この年、赤方偏移5を超える銀河が初めて確認されたからだ。

さきほど、ハッブル・ディープ・フィールドの観測で、赤方偏移5を超える銀河の候補が見つかりはじめていたことを話した。それらの候補天体のスペクトル観測を行った人たちがいた。カリフォルニア大学バークレイ校のハイロン・スピンラッドのグループだ。彼らの選択肢はやはりケック望遠鏡だった。ケック望遠鏡の分光器は、780ナノメートルにシフトしたライマンα輝線を捉えた。

これが史上最強のタッグの成果だ。ハッブル宇宙望遠鏡で探し、ケック望遠鏡で確認する。遂に人類は赤方偏移5を超える宇宙に銀河を捉えた。赤方偏移5.3は125億光年彼方の銀河だ。遠方銀河探査の物語は急展開を見せはじめていた。

世界を変えたすばる望遠鏡

そして1999年、すばる望遠鏡が完成した。本格的な観測は2000年に開始された。私はすばる望遠鏡の性能を考えると、ライマンα輝線を放射する銀河の探査は簡単だと思っていた。だから最初から赤方偏移$z = 5$を超える銀河を狙った。

迷いは一切なかった。そして、2002年。私たちは予定通り赤方偏移$z = 5$を超える銀河を発見した。赤方偏移は$z = 5.7$。すばる望遠鏡が動きはじめてわずか2年、日本人はいとも簡単に赤方偏移$z = 5$の壁を打ち破った。おかげで私は銀河形成関係の国際研究会から招待講演の依頼を、今も受け続けている。だが、これは私の力ではない。明らかに、すばる望遠鏡の力だ。

気がつけば、遠方銀河の探査はすばる望遠鏡の一人勝ち状態に突入してい

表 5-2
2010年9月の時点での遠方銀河ランキング
(出典: Iye, M. et al. 2006, Nature, **443**, 186
Taniguchi, Y. et al. 2005, PASJ, **57**
Kashikawa, N. et al. 2006, ApJ, **648**, 7
Ouchi, M. et al., 2009, ApJ, **696**, 1)

順位	銀河名	赤方偏移	距離(億光年)
1	IOK-1	6.964	128.8
2	SDF J132522.3+273520	6.597	128.2
3	SDF J132520.4+273459	6.596	128.2
4	SXDF Himiko	6.595	128.2
5	SDF J132357.1+272448	6.589	128.2
6	SDF J132343.4+272954.4	6.587	128.2
7	SDF J132342.2+272644.5	6.587	128.2
8	SDF J132450.7+272159.7	6.587	128.2
9	SDF J132432.5+271647	6.580	128.2
10	SDF J132518.8+273043	6.578	128.2

た。表 5-2 に 2010 年 9 月での遠方銀河ランキングを載せたのでご覧いただきたい。この表ではライマン α 輝線銀河のみを載せている。スペクトル線による赤方偏移の測定が確実になされている遠方銀河のリストだ。

　ご覧になってわかるように、すべてすばる望遠鏡による発見だ。すばる望遠鏡は遠方銀河探査に革命を起こしたといってもよい。

すばる望遠鏡の秘密

　口径 8 メートルクラスの可視光・赤外線望遠鏡はすばる望遠鏡だけではない。ケック望遠鏡もあるし、VLT やジェミニ望遠鏡もある（4-1 節参照）。ケック望遠鏡は口径 10 メートルなので、すばる望遠鏡より大きい。ではなぜ、すばる望遠鏡だけが大活躍するのだろう。その理由は簡単だ。すばる望遠鏡だけが広視野カメラを擁しているためだ。その名前はすばる主焦点カメラ、Subaru Prime Focus Camera。これを略して Suprime-Cam（スプリーム・カム）と名づけられた（図 5-8）。Supreme（非常に素晴らしい）という単語に引っかけたナイスなネーミングだ。名前は Suprime だが、確かに性能は Supreme だからだ。

　口径 8 メートルクラスの望遠鏡の主たる目的は、大口径を利用して暗い天体からやってくる光をたくさん集めることだ。今までの口径 4 メートルクラスの望遠鏡に比べて、より暗い天体の観測ができる。そのため、単なる撮像観測より、スペクトル観測（分光観測）が好まれる。赤方偏移を測定できるし、銀河の物理的性質がわかるからだ。

　そして、すばる望遠鏡以外の 8 メートルクラスの望遠鏡は撮像観測を切り捨てた。ところが、すばる望遠鏡だけは広視野の撮像観測ができるカメラを用意した。Suprime-Cam のことだ。これが 8 メートルクラス望遠鏡の運命を分けた。

　すばる望遠鏡の観測が無事スタートした頃のことだ。すばる望遠鏡の建設に携わった研究者や技術者が協力して、大きなプロジェクト研究をやろうという機運が高まった。そして実現したのが、すばるディープフィールド

（SDF）というプロジェクトだ。だが、この話はすでに拙著『暗黒宇宙で銀河が生まれる』（ソフトバンククリエイティブ、2007年）で紹介したので、そちらを参照していただきたい。

・もう１つの遠方銀河探査——ライマン・ブレークを使え

　遠方銀河の探査はライマン α 輝線に頼るしかないのだろうか？　世の中、何かビジネスを始めるとき、たった１つの方法しかない分野があるだろうか。もしそうなら、最初のその方法に気がついた人たちがいい目を見るだけ

図 5–9
すばる望遠鏡の広視野主焦点カメラ Suprime-Cam
2048×4096 画素の CCD カメラが 10 枚使われている。したがって、総画素数は約 8400 万ピクセルにもなる。超巨大デジカメということだ。CCD は charge coupled device（電荷結合素子）のことで、半導体を利用した撮像装置のことである。写真に比べて 40 倍以上の感度がある。
（提供：中島亜紀）

で終わる。しかし、世の中を見てみると、まずそういうことはない。次から次へと新しいビジネスモデルが出てきている。この事情は、遠方銀河探査というビジネスでも然りだ。そして、その方法は1人の天才が思いついた。

1980年代後半、アメリカのカリフォルニア工科大学のウォル・サージェント教授の元に1人の超優秀な大学院生が入学した。その名はチャック・シュタイデル（図5-10）。彼はサージェントとともに、クェーサー（巨大ブラックホールの重力発電で明るく輝く活動銀河中心核）の研究をしていた。クェーサーは銀河の100倍以上明るいので、遠方の宇宙にあっても、比較的容易に観測できる。

彼が当時観測していたクェーサーの赤方偏移は3（距離にして85億光年）以上のものばかりだ。ところが、すでに述べてきたように、遠方銀河の研究は行き詰まっていた。赤方偏移1を超える銀河すら見つかっていなかったからだ。彼は考えた。赤方偏移3以上の宇宙にクェーサーがあるのなら、銀河中心核はある。なぜなら、クェーサーは銀河中心核にある巨大ブラックホールがエネルギーの起源だからだ。銀河中心核があるのなら、当然だが銀河はあるのだ。

そのとき、シュタイデルの頭をよぎったことがあった。

・ひょっとしたら、銀河の探し方が悪いのだろうか？

そうかもしれない。シュタイデルは何十個ものクェーサーのスペクトルを見ているうちに、この問いに対する答えを見つけた。銀河はクェーサーに比べて暗いのだから、見つかりにくいのはしょうがない。しかし、効率の

図5-10
チャック・シュタイデル
（提供：チャック・シュタイデル）

よい探し方があることに気がついたのだ。それがライマン・ブレーク法だ。

★ ライマン・ブレーク法

　クェーサーや星などから放射される紫外連続光（紫外線）は波長が91.2ナノメートルより短くなると、銀河の中にある水素原子の電離に使われてしまうため銀河の外に出てくることはない。これは電離吸収と呼ばれる現象だ。このため、その銀河の静止系で見ると、波長91.2ナノメートルより短いところでは銀河は真っ暗に見える。つまり、見えないのだ。この波長はライマン端（ライマン・ブレーク）と呼ばれている。

　赤方偏移zの銀河を観測すると、宇宙膨張のため観測波長は$(1+z)$倍されることはすでに述べた。$z=3$の銀河の場合は4倍波長が伸びることになる。この場合、ライマン端は

91.2ナノメートル×$(1+3)$＝364.8ナノメートル

にシフトする。これは可視紫外線の波長であり、フィルターでいうとUバンドと呼ばれる波長帯に相当する。$z=3$の銀河は電離吸収のためにUバンドでは非常に暗くなるが、それより長い波長帯では電離吸収の影響がないので、銀河の姿を見ることができる。つまり、$z=3$の銀河を見つけたければ、Uバンドと他の長い波長帯のフィルターを使って撮像し、Uバンドで見えなくなっている天体を探せばよい。

　これがライマン・ブレーク法と呼ばれるものだ（図5-11）。そして、この方法で見つかった遠方の若い銀河をライマン・ブレーク銀河と呼ぶ。

★ ライマン・ブレーク銀河

　シュタイデルはライマン・ブレーク法を実際に試してみた。すると、赤方偏移3を超える銀河が見事に見つかった。1991年のことだ。カウイやスピンラッドのグループが1998年に赤方偏移3を超える銀河を見つけたが、

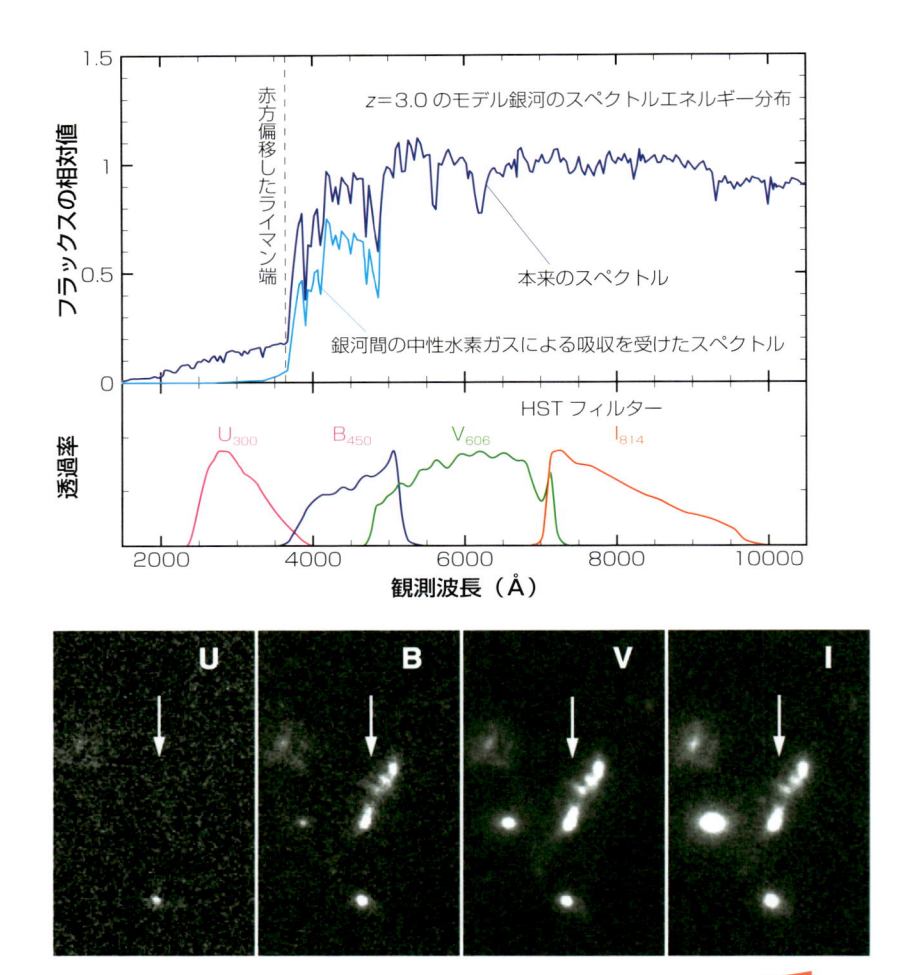

図5-11
ライマン・ブレーク法の原理
一番上のパネルは銀河から放射されるスペクトルエネルギー分布（放射強度を波長の関数として表したもの）が示されている。波長 91.2 ナノメートルより波長の短い光は銀河内にある水素原子の電離に使われるため（電離吸収）、銀河の外には出ない。中央のパネルはハッブル宇宙望遠鏡の撮像観測で使用されるフィルターの透過曲線を示す。赤方偏移が 3 の銀河はライマン端が U バンドを超えたところに来るので、U バンドでは見えない（ドロップアウトする）。（マーク・ディッキンソン提供の図を改変）

シュタイデルは独自の手法で遠方銀河探査の世界を切り拓いていたのだ。シュタイデルの挑戦は、まさに銀河進化論に一石を投じるような偉業だったのだ。

その後、シュタイデルの提案したライマン・ブレーク法は遠方銀河探査の代表的な手法として確立され、現在では赤方偏移10の銀河の候補が見つかるまでになっている（図5-28参照）。

ちなみに、Uバンドで見えなくなる銀河はUドロップアウトと呼ばれる。波長550ナノメートルのVバンドで見えなくなると、Vドロップアウトと呼ばれ、それらは赤方偏移4の銀河になる。こんな具合に、波長の長いフィルターでのドロップアウトを探していけば、どんどん遠方の銀河を探すことができる。ちなみに、可視光帯でドロップアウトになれば赤方偏移は7以上だ。

この方法では正確に赤方偏移を評価することはできない。だが、若い銀河の探査においては、パワフルな手法であることが90年代には認識されていたのだ。

ドロップアウトを確認するためには短波長側のバンドの撮像を十分な深さまで撮ることが必要だ。仮にそうしても、比較的近傍にある電離ガスの輝線が顕著な銀河を高赤方偏移銀河と見誤ることもあるので、分光観測に比べると、確度は低い方法ではある。しかし、広帯域フィルターの撮像だけで、遠方銀河の候補天体を探し出すことができるメリットは大きい。

実際、現在までに発見された赤方偏移3から5のライマン・ブレーク銀河の個数は優に数万個を超えている。

5-3 ハッブル宇宙望遠鏡の挑戦

ハッブル宇宙望遠鏡を使え

　このライマン・ブレーク法が一気に大きな成果を出したのは、ハッブル宇宙望遠鏡（HST）のプロジェクト、ハッブル・ディープ・フィールド（HDFと略される）が行われた1990年代中盤になってからだった。

　4-1節でも紹介したが、今一度ハッブル宇宙望遠鏡のおさらいをしておこう。口径は2.4メートルだが、大気圏外で観測するため、地球大気の揺らぎの影響を一切受けない。そのため、可視光帯では口径2.4メートル鏡の回折限界である0.1秒角の角分解能で天体を観測することができる。地上では大気の揺らぎのため、角分解能は1秒角程度だ。つまり、HSTは地上の望遠鏡の10倍の解像力がある。このおかげで、

・どんな天体でも、構造を詳細に調べることができる

・地上望遠鏡より暗い天体を調べることができる

という2つのメリットを得ることができる。2番目のメリットは不思議に思われるかもしれない。口径8メートルの地上望遠鏡のほうが暗い天体を観測できるのではないか？　そんな疑問を持たれるかもしれないからである。HSTの高い解像力のため、CCDカメラの1画素あたりにくる光の量が増える。それが、HSTでの暗い天体の検出を有利にしているのだ。

ハッブル・ディープ・フィールド（HDF）

　話をHDFに戻そう。HSTはアメリカのボルティモアにある宇宙望遠鏡科学研究所（STScI）が運用している。1995年、STScIの所長だったロバー

ト・ウィリアムスは1つの重要な決断をした。所長には、所長留め置き観測時間という特別な時間がある。ウィリアムスはこの時間をHSTによる究極の深宇宙探査に使うことにしたのだ。

HDFでは4つのフィルターが使われた。U、B、R、そしてIバンドで、それぞれの重心波長は300、450、606、そして814ナノメートルである。観測天域に選んだのはおおぐま座の方向で、わずか5平方分角のサイズしかないエリアだ。当時のHSTで使える可視光カメラは広視野および惑星カメラ（WFPC2）と呼ばれるものだったが、名前にそぐわず、非常に視野の狭いカメラだった。

しかし、感度は抜群だ。前人未到の28等級の暗い銀河の撮影に成功したのだから脱帽するしかない（図5-12）。視野が狭いので検出された銀河の個数は約1500個だったが、何しろ暗い銀河が写っている。非常に遠方の銀河が写っている可能性がある。

HDFは所長留め置き観測時間で撮影されたので、データについては誰かが占有権を持っているわけではない。1996年2月29日、全世界の研究者らに一斉に公開する形で、データがリリースされることになった。

いくつかの研究グループがこの日を待っていた。公開とともにデータをダウンロードする。あらかじめ用意していたデータ解析のパイプラインを走らせると、あっという間に解析が終わる。そして、ライマン・ブレーク法などを用いて遠方銀河を探すのだ。

先陣争いに勝ったのはケニス・ランツェッタのグループだった。

・赤方偏移5を超える銀河が見つかった！　　★

このニュースは世界を駆け巡った（図5-13）。5-2節で述べたように、この発見から2年後に、これらの銀河の中から赤方偏移5.3の銀河が確認されたのだ。

HDFは北天のおおぐま座の方向に設定された。その後、南天でも観測す

べきだということで、ろ座の方向でHDF-Southの観測が行われた。HSTのカメラの視野は狭い。そのため、一般的な結論を得るためには複数の天域を観測するほうが良いからだ。

HDF-Southの観測の後、最初のHDFの観測はHDF-Northと呼ばれるようになった。

図5-12
HDF
4つのフィルターで撮影したものを用いてカラー合成したもの。視野の広さは約5分角。
(R. Williams (STScI), the HDF Team and NASA)

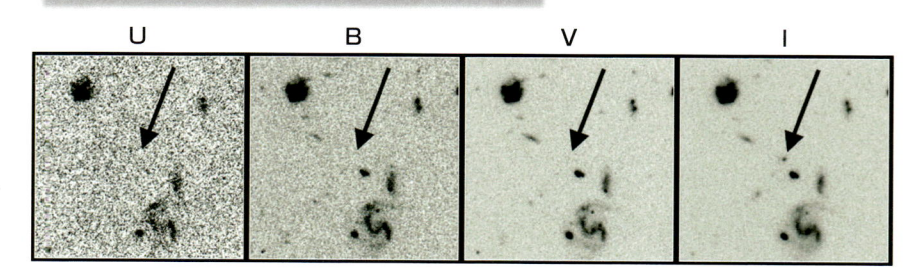

図5-13
HDFで見つかった赤方偏移5を超える銀河の例
左から順にU、B、V、そしてIバンドの画像が示されている。矢印の先にある銀河はIバンドでしか見えていないことに注意してほしい。つまり、Vドロップアウトであり、赤方偏移5を超える銀河ということになる。HDFの観測で、人類はついに赤方偏移5を超える宇宙に銀河を見出した。
(K. Lanzetta, A. Yahil (SUNY) and NASA)

ハッブル・ウルトラ・ディープ・フィールド（UDF）

　HDF の観測に用いられた WFPC 2 は図 5-12 を見てわかるように、広視野用の 3 つの CCD カメラと、惑星撮影用の狭い視野の CCD カメラが組み合わされたものだ。深宇宙のサーベイをするのであれば、カメラ全体として正方形や長方形になっているほうがいろいろと便利だ。そのため、WFPC 2 に代わる新しい高性能サーベイカメラ ACS がつくられ、2002 年 3 月に HST に搭載された。

　ACS の搭載に成功した翌年、STScI の所長であるスティーブ・ベックウィズは新たなディープサーベイを行う決断をした。それが、ハッブル・ウルトラ・ディープ・フィールド（略称は UDF あるいは HUDF；本書ではこ

図 5-14
UDF 可視光画像
視野の広さは約 9 分角。ここには約 1 万個の銀河が写っている。画像の中心位置は赤経＝$3^h32^m40^s.0$、赤緯＝$-27°\,48'\,00"$。観測時間は 11 日間に及んだ。
(NASA, ESA, S. Beckwith (STScI) and the HUDF Team)

のあと UDF と略す）だ（図 5-14）。

　観測天域は HDF-South が選ばれた。チャンドラ X 線天文台や他の波長帯での観測が HDF-North に比べて HDF-South のほうが進んでいたからだ。

　UDF は HDF を遥かに超えた。その理由は 3 つある。

1. 検出器が WFPC2 から ACS になったことで、サーベイ天域の広さが増え、検出した銀河の個数は約 1 万個になった

2. さらに感度もアップし、限界等級は 29 等級に達した。月面で揺れるマッチの炎があるとすれば、UDF はそれを捉えることができる

3. HDF より遠方の銀河を捉えるために、近赤外線の観測も行った。HST に搭載されていた NICMOS という近赤外線カメラで UDF の撮像をした。カバーした視野の広さは 1 分角 × 1 分角で、ACS のサーベイエリアの 9 分の 1 でしかない。しかし、このおかげで、可視光でドロップアウトしている、赤方偏移 7 を超える銀河の探査が可能になった

　UDF、まさにおそるべし！　2004 年の UDF のプレスリリースは、驚きを持って受け止められた。

・赤方偏移 7 を超える銀河は、おそらく UDF の中に見つかったのだろう★

そんな雰囲気が流れたのは確かだった。実際、ハッブル宇宙望遠鏡のプレスリリースの記事にはそう書いてあった。一般の方がその記事を読んだら、赤方偏移 7 を超える銀河の発見を信じただろう。

　しかし、1 つ問題があった。赤方偏移 7 を超える銀河の候補は確かにある。だが、それらはあまりにも暗い。とても確認観測（スペクトルを得るという意味で）などできない。あるような、ないような。プロの研究者にとっ

ては、なんとも中途半端な状態であった。

　果たしてこの状況を打破できるのだろうか？　誰しもすぐにはできないと達観していた。だが皆、期待していたことがあった。それはHSTの第3世代カメラ、WFC3（第3広視野カメラ）がやってくることだ。なぜなら、WFC3は可視光から近赤外線までカバーする。感度はNICMOSより数倍はよい。そして、ACSと同じ解像力を持つ。まさに夢のカメラだったからだ。

　その期待をよそに、WFC3はNASAの倉庫に眠ったままの月日を過ごしていた。

揺れるHST

　UDFの観測を終えた頃、その大成功とは裏腹にHSTには試練が待っていた。じつは、その頃、HSTは満身創痍の状態だったのだ。

　特に問題だったのは、望遠鏡の姿勢を制御する装置が壊れはじめていたことだった。HSTは放っておけばいずれ大気圏に突入する。制御できない状態でこの事態を迎えるのはまずい。HSTは大気圏突入しても燃えつきないからだ。もし、東京に落下すれば、関東平野が壊滅する。パリなら？　それは、映画『アルマゲドン』で見た光景になるだろう。

　NASAは決断を迫られていた。

・HSTを修理するか？　　　　　　　★

あるいは、

・HSTを制御できるうちに、落とすか？　★

オプションは3つあった。

1. スペースシャトルでHSTまで行き、シャトルの乗組員が宇宙空間に出

て修理する
2. スペースシャトルを使うが、ロボットシステムで修理する
3. HSTを制御できるうちに安全に落とし、HSTに代わる衛星を打ち上げる

　最初の2つのオプションは、どちらを採用しても費用は1000億円を超える。人間が修理するのがベストだが、安全の保証はない。一方、ロボットシステムは安全とはいえ、新たな技術開発が必要になる。ロッキード社が名乗りをあげたが、すぐに撤退してしまった。HSTはロボットが修理しやすいようにつくられていないからだ。

　そこで、3番目のオプションが真剣に検討された。HSTを落とし、その代わり、新技術でHSTと同等の望遠鏡を打ち上げる。このミッションはハッブル・オリジン・プローブ、HOPと名づけられた。結局、1番目のオプションが採用されたので、このHOP計画は人知れず消えた。だが、HOP計画はかなり真剣に検討された。日本の協力が検討され、じつは私もHOPの検討会のためにボルティモアに飛んだ。そのとき開催されたHOPの会議にはそうそうたるメンバーが招集されていた。ハッブル宇宙望遠鏡をつくった技術者がそろい踏みしていたからだ。これならHOPはうまくいく。私はそう思ったほどである。だが、NASAの長官が替わったことでHOP計画は消えた。そしてNASAは決断した。

・スペースシャトルで人を送り、修理する

★ HST最後の修理：サービスミッション4

　2009年5月11日、スペースシャトル・アトランティス号はHSTの修理のため、ケープケネディ基地を後にした。サービスミッション4と名づけられたこのミッションには、HSTの最後の修理が託された（図5-15）。壊れたジャイロやACSカメラを直し、新たに可視光−近赤外線カメラWFC3（Wide Field Cam 3）と紫外線分光器COS（Cosmic Origin

5-3 ハッブル宇宙望遠鏡の挑戦　117

図 5-15
HST 最後の大修理を行ったサービスミッション 4
(STScI/NASA)

図 5-16
UDF の近赤外線画像
視野は 2.4 分角 × 2.4 分角なので、可視光のイメージ(図 5-14)より少し狭いエリアになる。観測時間は 48 時間で、まだこの倍以上の観測を WFC 3 で行うことになっている。
(NASA, ESA, G. Illingworth and R. Bouwens (University of California, Santa Cruz), and the HUDF09 Team)

Spectrograph）を搭載した。このあと、2014年までHSTは運用される予定だ。

　WFC3はインストールされるや否やテストが行われ、そのたぐい稀なる高性能が確認された。そして早速UDFの近赤外線撮像に使われた（図5-16）。代表研究者はカリフォルニア大学サンタクルズ校のギャレス・イリングワースだ。彼らのチームはここ数年、UDFの研究で世界をリードしてきている。本来ならUDFのWFC3のデータは彼らに優先権があってしかるべきなのだが、UDFはパブリックな研究対象として取り扱われている。そのため、UDFのWFC3のデータは、取得後すぐに公開された。

131億光年彼方の銀河

　そして、ただちに複数の研究グループが研究成果を報告した。その成果はまさに期待通りのものだった。なぜなら、どのチームも

・赤方偏移 $z=8$ の銀河の候補が見つかった！

と結論したからである。赤方偏移8は約131億光年の距離に相当する。宇宙誕生後、まだ6億年しか経過していない頃の宇宙に銀河があったのだ。

　さっそく、赤方偏移8の銀河の姿を見てみよう。図5-17にイリングワースのチームが見つけた5個の写真を示した。それぞれ、可視光帯（V、i、zバンド）と近赤外線（Y、J、Hバンド）でのイメージを示してある。それぞれのバンドの重心波長は606、775、850、1050、1250、および1600ナノメートルである。zドロップアウトなら赤方偏移は7、Yドロップアウトなら赤方偏移8を超える。

　これを見てわかるように、5個の銀河は可視光帯では全くその姿は見えない。つまり、zドロップアウトであることは確実だ。近赤外線のイメージを注意深く見見ると、Yバンドでもかなり暗く、JとHバンドでようやく見えてくることがわかる。つまり、Yドロップアウトもあるということだ。こ

の性質こそ、赤方偏移が非常に大きいことを裏づけるものだ。

　人類はようやく130億光年を超える宇宙に銀河の姿を捉えはじめたのだ。

　どうしてか、その理由を説明しよう。原理は 5-2 節で紹介したライマン・ブレーク法だ（図 5-11）。赤方偏移が $z = 8$ にもなると、ライマン・ブレーク（静止波長 = 91.2 ナノメートル）が観測される波長は

$$91.2 \text{ナノメートル} \times (1 + 8) = 820.8 \text{ナノメートル}$$

になる。一方、ライマン α 輝線（静止波長 = 121.6 ナノメートル）の観測波長は

$$121.6 \text{ナノメートル} \times (1 + 8) = 1094.4 \text{ナノメートル}$$

になる。銀河と私たち観測者の間（宇宙空間）にある中性水素原子はライマン α 輝線を吸収する。したがって、

・91.2 ナノメートル以下の紫外光は銀河に含まれる中性水素原子を電離するのに使われて観測できない（電離吸収）

・91.2 ナノメートルから 121.6 ナノメートルの紫外光は宇宙空間にある水素原子に吸収されて見えにくくなっている

　これら 2 つの効果で、赤方偏移 8 の銀河の姿は可視光帯では観測されない。だが、約 1100 ナノメートルより波長の長い紫外光はこれらの効果を受けないので、観測される。この様子をイラストで示したものを図 5-18 に示したので参考にしてほしい。

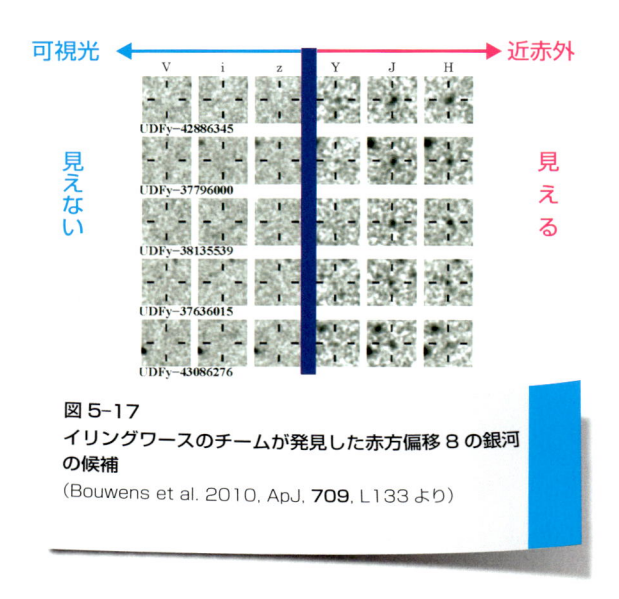

図 5-17
イリングワースのチームが発見した赤方偏移 8 の銀河の候補
(Bouwens et al. 2010, ApJ, **709**, L133 より)

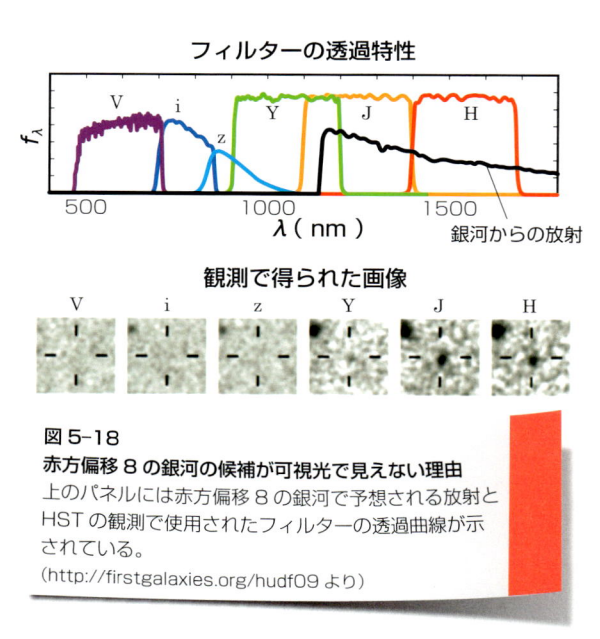

図 5-18
赤方偏移 8 の銀河の候補が可視光で見えない理由
上のパネルには赤方偏移 8 の銀河で予想される放射とHSTの観測で使用されたフィルターの透過曲線が示されている。
(http://firstgalaxies.org/hudf09 より)

5-4　宇宙の一番星を探して

131億光年彼方の宇宙

　こうして、人類の深宇宙探査は131億光年彼方にある銀河を見つけ出した。宇宙年齢6億歳。この頃にある銀河はいったいどんな銀河なのだろう？

　私たちの住む銀河系やアンドロメダ銀河と同じような性質を持っているのだろうか？　いや、そんなはずはないだろう。私たち人間も赤ちゃんの時代から幼年時代や少年時代を経て大人になってきたのだ。銀河も最初から大きいはずはない。

　銀河の種はインフレーションのときに仕込まれた量子揺らぎであり、宇宙が38万歳の頃は宇宙マイクロ波背景放射の図に見られたような、小さな揺らぎでしかなかった（図4-17）。そこから、暗黒物質の重力を頼りに、少しずつ構造の形成が進んできたのだ。

　銀河誕生の瞬間や初期の進化はまだ観測されているわけではないが、コンピュータ・シミュレーションで、その様子を探る努力がされている。図5-19にその一例をお見せしよう。

　ダークマターがその重力で塊をつくりはじめるのは、赤方偏移でいうと $z = 30$ の頃だと考えられている。宇宙年齢1億歳の頃だ。もちろん、宇宙には密度のムラがあるので、一斉にできたわけではない。宇宙年齢数億歳の頃に、ようやく塊ができる場所もあるということだ。最初にできるダークマターの塊の質量は太陽の100万倍程度なので、今の銀河の10万分の1から100万分の1ぐらいの軽い塊だ。

　それらの塊の中にある原子物質のガス（水素とヘリウム）が重力収縮していくと、ようやく星ができる。それが宇宙の一番星になる。塊ができた場所は総じて密度の高い場所なので、周辺にも同じような塊がある。それらがお互いの重力で引き合い、どんどん合体していく。質量はどんどん重くなり、

銀河は幼年時代と少年時代を駆け足で走り抜ける。宇宙年齢が8〜9億歳の頃には、星をたくさんつくっている銀河がすばる望遠鏡で発見されている（表 5-2）。それらの質量は太陽質量の数億から10億倍もある。まだ、近傍の宇宙にある普通の銀河に比べると数百分の1程度でしかないが、銀河としてはかなり育ってきた状況といえるだろう。

それらの銀河はさらに周辺の同様な塊（銀河）と合体をくり返し、円盤銀河を形づくっていく。数十億年も経過すると、図 5-19 の最後のパネルにあるような銀河ができ上がる。

✦ 宇宙空間の謎

まだ、銀河の誕生過程を見たわけではないが、いま紹介したようなシナリオで銀河が生まれて育ってくのではないかと考えられている。しかし、図 5-19 で見たことは、宇宙の中で銀河がどのように生まれて育つかということだけだ。銀河が生まれた宇宙空間はどうなっているのだろう。それも同時に理解しないと、宇宙進化の全体像はつかめない。

じつは、宇宙空間の性質は奇妙だ。まず、近傍の宇宙空間を調べてみると、完全電離していることがわかった。つまり、水素原子は電離され、陽子と電子に分かれて存在しており、プラズマと呼ばれる状態になる。近傍の宇宙空間は密度がかなり低い。1 cc あたり、陽子や電子の個数密度は 0.01 個ぐらいしかない。これだけ低密度だと陽子と電子はなかなか出会うこともないので、電離したままの状態でも問題はない。しかし、あるとき、何かが宇宙を電離したことだけは間違いない。

宇宙は誕生から核子ができて以来、最初の 38 万年間は電離状態を保っている。だが、宇宙マイクロ波背景放射のところで述べたように、宇宙は 38 万歳のとき、陽子と電子は結合して、中性化したはずであった。これは陽子と電子にとってみれば初めての結合なのだが、電離の逆過程を"再結合"と呼ぶので、宇宙の再結合期と呼ばれる。

⭐ 宇宙再電離問題

はっきりしていることは、宇宙は 38 万歳の頃、中性化したということだ。つまり、電離度はゼロである。ところが、近傍の宇宙は完全電離している。電離度は 1 だ（100 ％ 電離を意味する）。いったい、何が宇宙を再び電離したのだろう。これは宇宙の再電離問題として、積年の研究課題であり続けている。

とりあえず、近傍の宇宙から調べてみることにする。いったいどのあたりまで宇宙空間は完全電離の状態になっているのだろう。まずは、これを調べることが先決だ。ところが調べはじめると、どこまでいっても宇宙は完全電離しているのだ。現在までの観測で、赤方偏移 $z = 6$ までは完全電離していることがわかっている。一方、宇宙マイクロ波背景放射の観測データを調べると、宇宙の再電離が起こった赤方偏移は $z = 10.4 \pm 1.4$ という結果が得られている。宇宙年齢にして約 5 億歳だ。

ここまでの情報をまとめておこう。宇宙空間の電離状態は以下のようになる。

・最初の 38 万年間は完全電離している
・38 万歳の頃に中性化した
・約 1〜5 億歳の頃、完全電離された（宇宙再電離）
・137 億歳の現在の宇宙まで完全電離している

★

この状況を図 5-20 にまとめたのでご覧いただきたい。

⭐ 宇宙を再電離したのは誰だ

宇宙年齢 5 億歳の頃、宇宙空間を完全電離させたのはいったい何なのだろう？　ここにきて厄介な問題が出てきたものだ。しかし、これを理解せず、宇宙の進化は完結しない。冷静になって考えてみることにしよう。

図 5-19
渦巻銀河の形成シミュレーション
宇宙初期の密度揺らぎから出発し、暗黒物質の重力に導かれてガスが集まり、銀河の種ができはじめる。それらが合体をくり返し、100 億年以上の時間をかけて渦巻銀河ができる。（提供：武田隆顕、額谷宙彦、斎藤貴之、国立天文台 4 次元デジタル宇宙プロジェクト）

画像キャプション：
- 暗黒物質の重力に導かれてガスが集まってくる（青白い部分）
- 合体過程で得た角運動量のため、銀河には円盤ができる。小銀河の合体で円盤に渦巻が現れる
- ガス雲の中で、ガスの密度が高い場所で星が生まれはじめる
- 銀河を真横から見た図
- 星の集団が次々に合体していき、銀河を形づくりはじめる
- きれいな姿をした渦巻銀河ができ上がる

　まず、電離とは何かだ。ここで問題にしているのは宇宙にある元素の 90% を占める水素原子の電離を考えることにしよう。水素原子は陽子と電子が結合している原子で、何事もなければ安定して水素原子の状態を続けるものだ。だが、結合エネルギーを超える現象にさらされると電離する。

　水素原子を電離するのに必要なエネルギーは 13.6 電子ボルト（eV）である。1 電子ボルトとは、1 ボルトの電位差で、電子が得ることのできるエネルギーに相当し、1.6×10^{-19} ジュールに相当する。そういわれても、ピンとくる話ではないが、水素原子を電離するには一定のエネルギーが必要だということを理解してほしい。

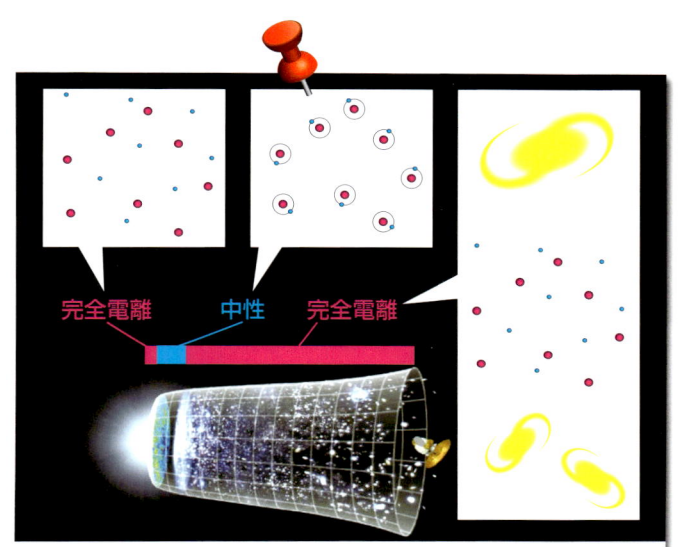

図 5-20
宇宙の電離状態の変化
赤い丸が陽子、小さな青い丸が電子を表す。宇宙は誕生から約 38 万年の間は温度が高く、プラズマの状態を保っていた。しかし、宇宙年齢 38 万歳の頃、温度が下がり、陽子と電子が結合し、宇宙は中性化した。その後、しばらくは宇宙の暗黒時代が続くが、宇宙年齢 1〜5 億歳の頃、宇宙は再び電離された。この宇宙空間に刻まれた歴史を読み解くことで、銀河形成史が議論できると考えられている。
(NASA/WMAP Science Team による図を改変)

　水素原子を電離するには、その束縛エネルギーを超える"何か"がなければならない。この"何か"とは何だろう。答えは2つだ。

・束縛エネルギーを超える電磁波にさらされる　　　　　★
・束縛エネルギーを超える他の粒子との衝突

　最初のメカニズムは電磁波（光）による電離なので、光電離と呼ばれる。一方、2番目のメカニズムは、近づいてきた粒子（電子や陽子）の運動エネルギーをいただくものだ。そのため、衝突電離と呼ばれる。衝突電離は、粒子

の個数密度がかなり高くないと起こらない。そのため、一般的な水素原子の電離メカニズムは光電離だと考えてよい。

電離源は何か

　水素原子の電離を光電離だと仮定しよう。次に、私たちが考えるべき問題は、光電離を誘う光は何が放射しているかというものだ。この問題について考えてみることにしよう。

　さきほど、水素原子を電離するのに必要なエネルギーは 13.6 電子ボルトであると述べたが、これは電磁波の波長に換算すると 91.2 ナノメートルになる。ライマン・ブレーク法で話題になったライマン端の波長だ。これより波長の短い（つまり、エネルギーの高い）電磁波にさらされると、水素原子は電離される。この電磁波は紫外線帯にあるので、紫外電離光とも呼ばれる。

　では、次の問題だ。

・何が紫外電離光を放射するのか？　　　　✹

　だいぶ、本質を突く問いかけになってきた。最も妥当なアイデアは

・星の放射　　　　✹

だろう。

水素原子の電離源としての星

　UDF のおかげで、131 億光年彼方に銀河が見つかった。銀河があるということは星があるということだ。その意味でも星が電離源になっているというのは妥当である。

　では、どんな星があれば宇宙空間の水素原子を電離できるのだろう？　じつは、星なら何でもよいというわけにはいかない。たとえば、太陽のよう

な星はどうだろう？　太陽の表面温度は 6000 K なので、熱放射のピークは 500 ナノメートルあたりだ。一方、水素原子を電離する電離光子は 91.2 ナノメートルより波長の短い紫外線でなければならない。したがって、太陽のような星は宇宙空間を電離するのに不向きだということがわかる。

　第 1 章で見たオリオン大星雲を思い出してみよう。オリオン大星雲のガス雲は電離されている。この星雲を電離しているのはトラペジウムと呼ばれる 4 重星だ（図 5-21）。質量が太陽の 10 倍以上もある大質量星だ。星は質量が大きくなると核融合の効率が上がり、その分、表面温度も高くなる。表面温度が高くなると熱放射のピークはよりエネルギーの高い紫外線領域にくる。そのため星周辺の水素原子を大量に電離できるようになる。

　このことからわかるように、銀河からの紫外線で宇宙空間を電離したければ、銀河に大量の大質量星がないと無理だということだ。

　では、生まれたての銀河に大量の大質量星があれば、宇宙空間にある水素原子を電離できるのだろうか？　じつは、それほど簡単ではない。

✴✴✴ 電離吸収の罠

　大質量星から大量の電離光子が放射されたとしよう。それらの光子は周辺の水素原子を電離するのに使われる。そのため、ガス雲の外側に逃げる前に、吸収されてしまうのだ。これが電離吸収である。そのため、銀河の中に大量の大質量星があっても、電離光子は銀河の外に逃げられない仕組みになっている。

　電離光子が銀河の外に逃げる割合を"電離光子の離脱率"と呼び、f_{esc} という記号で表される（図 5-22）。添え字の esc は escape（逃げる）の略だ。普通の銀河では、残念ながら

$$f_{esc} = 0\%$$

となっているのだ。

図 5-21
オリオン大星雲のガスを電離しているトラペジウム
中央やや下に見える明るい星々がトラペジウムである。
(NASA/K.L.Luhman (Harvard–Smithsonian Center for Astrophysics, Cambridge, Mass.) et al.)

　生まれたての銀河でもこの条件になっているとまずい。せっかく大量の大質量星をつくったとしても、宇宙空間を電離することはできない。だが、宇宙空間は電離されている。何か秘密があるはずだ。

　電離吸収が起こるのは、銀河の中に（あるいは周辺に）大量の水素原子があるからだ。電離光子が銀河の外に逃げるようにするには、この状況を何とかしなければならない。果たして、何とかなるのだろうか？　意外にも、大質量星がそれをやってくれるのだ。

N_{esc} = 星々から放射される
単位時間・単位体積あたりの電離光子数

N_{ion} = 銀河から脱出した
単位時間・単位体積あたりの電離光子数

$f_{esc} = N_{esc} / N_{ion} \times 100\%$

一般の銀河では電離光子は銀河の水素原子の電離に消費されるので $f_{esc} = 0\%$

図5-22
電離光子の銀河からの離脱率

風よ吹け！

　では大質量星は、電離吸収の罠をかいくぐるどんな秘策を持っているのだろう。その理由は簡単だ。大質量星は短命である。質量にもよるが数百万年から数千万年で死ぬ。

　死ぬときは壮絶だ。超新星爆発を起こして死ぬからだ。そのとき、10^{44}ジュールものエネルギーを一気に解放する。太陽は1秒間あたり、10^{26}ジュールものエネルギーを放射しているが、これでもすごい量だ。それより18桁も大きなエネルギーを一瞬にして出してしまう。超新星爆発はとてつもない出来事といえる。

　生まれたての銀河でつくられる大質量星は1個ではない。うまくいけば数億個もの大質量星でさえ生まれる。そして、それらは数千万年以内に一斉に爆発する運命にある。超新星バーストだ。

　これらの爆発で生じた爆風波のエネルギーは膨大になる。銀河の重力エネ

ルギーを凌駕する運動エネルギーを銀河内のガスに与える。また、爆発で生じた衝撃波は水素原子を電離するので、電離吸収の源である水素原子も少なくなる。銀河スケールの風が吹くのだ（図5-23）。この現象は銀河風、あるいはスーパーウインドと呼ばれる。

　こうして、生まれた大質量星が徒党を組んで、銀河に風穴を開ける。もちろんまだ、大質量星も残っている。それらの星々から放射された電離光子は、風穴から宇宙空間に逃げていく。これでOKだ。コンピュータ・シミュレーションで調べてみると

$$f_{\mathrm{esc}} = 50\,\%$$

を得ることができそうだ。これなら、何とかなるだろう。

✦✦✦✦ スーパーウインドからハイパーウインドまで

　しかし、銀河から風が吹くものだろうか？　銀河には100億から1000億個もの星があるし、さらにその数倍の質量もある暗黒物質に取り囲まれている。強大な重力場ができ上がっている。ところが、さきほど述べたように超新星爆発のエネルギーはすごい。銀河で激しい星形成が起こり、大質量星がたくさんできると（これはスターバーストと呼ばれる）、超新星バーストが起きる。

　銀河の質量によるが、比較的軽めの銀河ならば、1万個の超新星爆発で十分銀河から風が出る。その例は銀河系の近傍にあるM82という銀河に見ることができる（図5-24）。銀河円盤と直交する方向はガスが少ないので風が吹き出しやすい。そのため、銀河円盤に直交する2つの方向に風が吹く。

　では、遠方宇宙でもこのような現象は観測されているのだろうか？　いま、私たちは生まれたての銀河に近いものからのスーパーウインドを考えているから、遠方宇宙の観測は重要だ。

　そのよい例はライマンαブロッブと呼ばれる巨大な電離ガス雲だ。赤方偏

移 $z = 3.1$（115 億光年彼方）で発見されたものが最も有名で LAB 1 という名前がついている（図 5-25）。この銀河の光度を調べてみると、太陽光度の 10 兆倍もある。それに気がついたのは筆者だ。そこで、この銀河の風をハイパーウインドと命名した。ちなみにこの LAB 1 という名前をつけたのも筆者だ。

このように近傍宇宙から 100 億光年彼方の宇宙まで、スーパーウインドは吹いている。スターバーストが起きれば、自然に引き起こされる現象だからだ。

✦✦✦ UDF の 131 億光年彼方の銀河、再び

宇宙再電離の実現に向けて、だいぶ見通しが立ってきた。UDF で発見された赤方偏移 8 の銀河でも、当然たくさんの大質量星ができているだろう。もしそうならば、スーパーウインドも吹くはずだ。

そこで UDF で発見された赤方偏移 8 の銀河の性質を詳しく調べてみることにしよう。赤方偏移 7 の銀河とともに、写真を図 5-26 に示した。この写真を見ると、多くの銀河が点状ではなく、何か広がった構造を示していることに気がつく。広がった構造の運動状態を調べることは、暗すぎてできないが、複数の塊が合体しつつあるのか、あるいはスーパーウインドが吹いている可能性もある。

UDF で発見された赤方偏移 8 の銀河の候補は、イリングワースのチームが見つけた 5 個だけではない。他にも 4 つのチームが独立に候補選びに挑戦した。結局 5 つチームが見つけた総数は 20 個にもなった。しかし、それら 20 個全部が赤方偏移 8 の銀河とは断言できない。何しろどの候補も暗いので、ノイズの影響を受けて、誤って銀河と同定してしまうこともあるからだ。私たちは、5 つのチームの結果をフェアに比較して、最終的に 8 個の銀河が赤方偏移 8 の銀河であると判断した。残り 12 個はノイズによる可能性が高いので、棄却したことになる。

8 個の銀河の紫外線光度は -18.5 等級から -20 等級ぐらいだ。質量に換算

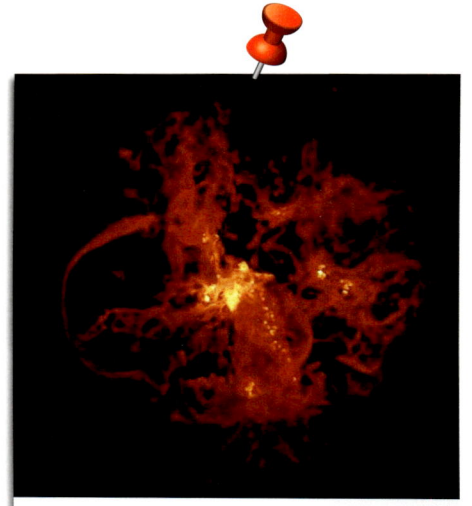

図 5-23
生まれたての銀河でスーパーウインドが吹いていることを示すコンピュータ・シミュレーション
フィラメント状の構造は電離ガスなので、電離光子は吸収されることなく、銀河の外側に逃げて行くことができる。
(提供：森正夫、梅村雅之)

図 5-24
M 82 のスーパーウインド
左は可視光、右は中間赤外線で見たもの。ダストが吹き上げられているのがわかる。
(NASA/JPL-Caltech/C. Engelbracht (University of Arizona) and the SINGS Legacy Team)

すると、太陽質量の1億から数億倍しかない。現在の宇宙にある銀河の典型的な質量は太陽質量の100億から1000億倍なので、数百分の1の重さしかない。やはり、宇宙年齢6億歳では、銀河は育っている途中なのだ。

　UDFの観測で発見された銀河よりも、暗い銀河はたくさんあるはずだ。それらの中でも星はつくられているのだろうが、暗すぎて見えていないと思うべきだろう。

　銀河の光度ごとの頻度を光度関数というが、基本的には明るい銀河が少なく、暗い銀河が多いことがわかっている。これらの情報を元に、果たして赤方偏移8の宇宙空間は銀河でつくられた星々によって電離されるかどうか調べてみよう。

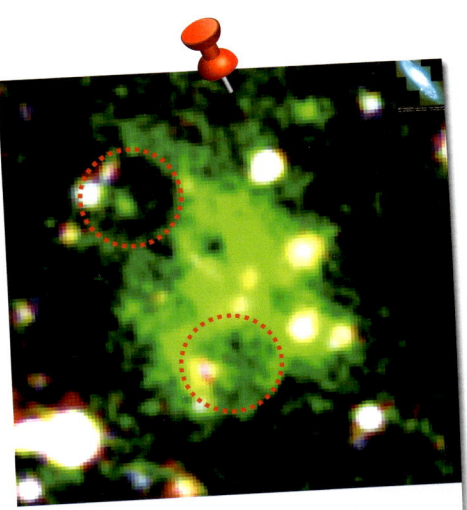

5-4 宇宙の一番星を探して　　133

図 5-25
ライマンαブロッブ 1 という名前の銀河で吹き荒れるハイパーウインド
緑色がライマンα輝線の強度。赤い丸は穴が開いているように見える領域。
(提供：松田有一)

図 5-26
UDF で見つかった赤方偏移 8 の銀河の候補（濃い青で示されている銀河）
薄い青は赤方偏移 7 の銀河。
(NASA/ESA/G. Illingworth, R. Bouwens/HUDF09 Team)

宇宙を再電離できるか？

宇宙を再電離できる条件を考えてみよう。まず、電離する側の条件だ。

- 1秒間あたりどの程度の電離光子を放射できるか
- 銀河から宇宙空間に抜け出る電離光子の割合
  （さきほど紹介した $f_{\rm esc}$ の値）

次に、電離される側の宇宙空間の条件だ。

- 電離される水素原子の個数密度
- 宇宙空間の密度揺らぎの程度

1番目の条件はビッグバン元素合成の条件からわかっているので問題ない。2番目の条件は、密度のムラがあっても宇宙空間を完全電離できるかどうかを調べるために必要になる。だいたい平均値に対して振幅が3倍ぐらいの密度揺らぎを考えればよい。これらの条件をもとに、計算してみよう。

UDFで発見された赤方偏移8の銀河の銀紫外線光度は−18.5等級から−20等級だが、観測されなかっただけで、この範囲より明るい銀河もあれば、暗い銀河もあるだろう。この頻度分布がさきほど述べた、銀河の光度関数だ。125億光年から128億光年彼方の銀河の光度関数はよく調べられている。そこで、赤方偏移8の銀河の光度関数の形はそれらと同じであると仮定しよう。というのは、異なるとする理由はないからだ。

これで準備が整った。銀河から放射される電離光子の個数密度を銀河の紫外光度の関数として描いてみたのが、図5-27である。この図には2本の曲線が示されている。下側の曲線は星に含まれる重元素量が太陽と同じ場合であり、上の曲線は重元素を含まない星、つまり宇宙の一番星の場合だ。宇宙の一番星は星の質量が同じでも、重元素を含む場合に比べて表面温度が10

倍くらい高い。そのため、電離光子をたくさん放射することができるので、図 5-27 に示された差が出てくる。

宇宙再電離の実現には、銀河の中に高温の星ができるだけではだめだ。それらの星から放射される電離光子が銀河の中から宇宙空間に抜け出していかなければならないからだ。目安として、電離光子離脱率が 10 ％、50 ％、そして 100 ％の場合の線を図 5-27 に示した。

太陽のように重元素を含む場合、離脱率が 50 ％の場合、宇宙再電離が不可能であることがわかる。また、100 ％でも宇宙を再電離するには太陽質量の 1000 万倍しかないようなきわめて軽い銀河まで動員して、ようやく可能になるような状態だ。

ところが、宇宙の一番星を含む銀河を考えると状況は好転する。太陽質量の 1 億倍以上の質量の銀河だけで、離脱率 50 ％で宇宙再電離が可能だ。赤方偏移 8 は宇宙年齢にして 6 億歳だ。その頃の銀河に宇宙の一番星のような性質を持つ（重元素をほとんど含まない）星がたくさん生まれていたとしても、不思議ではない。結局、次のようにまとめることができるだろう。

・UDF で発見された赤方偏移 8 の銀河には、宇宙の一番星の性質を持つ星が生まれている ✯

・銀河ではスーパーウインドが発生して、電離光子を宇宙空間に逃がしている。この場合は、離脱率 50% 程度で OK ✯

・そして、宇宙空間が再電離されたと結論づけられる ✯

これでめでたし、めでたし。なぜなら、何の矛盾もないからだ。

人類はついに生まれたての銀河の姿を捉えはじめたのだ。

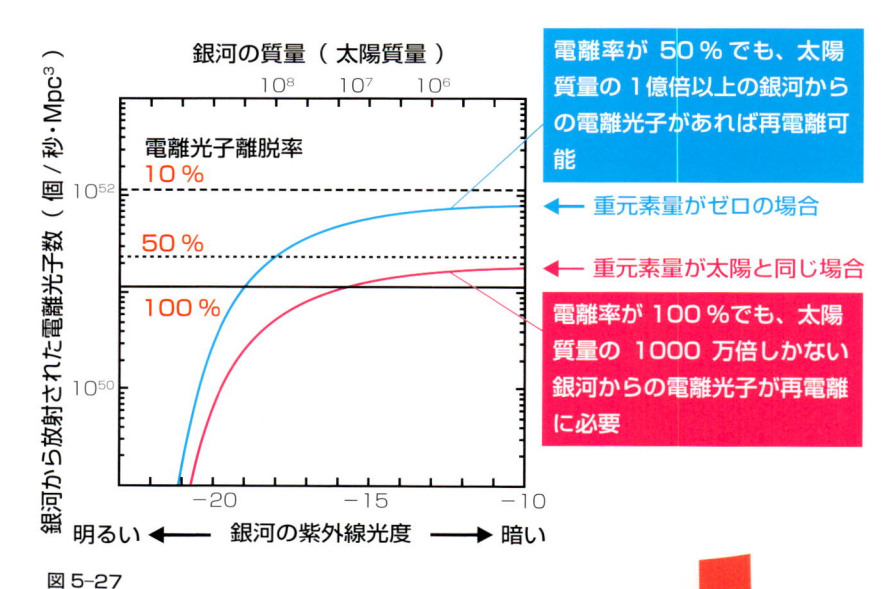

図 5-27
宇宙再電離の条件
縦軸は単位体積（1 立方メガパーセク）あたり、単位時間（秒）あたりの電離光子数で、横軸は銀河の紫外線光度。重元素量がゼロ（宇宙の一番星の場合）、期待される電離光子数が紫の曲線で示されている。電離光子離脱率は 10 %、50 %、100 % の 3 通りについて横線で示されている。宇宙の一番星の場合は、紫外線光度が −18 等より明るい銀河からの電離光子が 50 % 離脱すれば、宇宙を再電離することができることがわかる。一方、太陽と同程度重元素を含む場合は、離脱率が 100 % でも厳しいこともわかる。

そして、132 億光年彼方へ

UDF の WFC3 カメラによる観測は、ついに 132 億光年彼方の銀河を捉えることにも成功した。

・赤方偏移 $z = 10$ の銀河が見つかった

ということだ。

図 5-28 にイリングワースらのグループが発見した赤方偏移 $z = 10$ の銀河の写真を示したので見てみよう。左から V、i、および z の合成画像（可視光）、Y、J、そして H バンドの画像が示されている。この図を見てわかるように、この天体は J バンド以下の短波長側ではその姿が見えない。だが、H バンドではしっかり見えている。つまり、これらの天体はライマン・ブレーク法でいう J ドロップアウトに相当するのだ。

これだけ遠方の宇宙にあると、銀河の周りには中性水素原子ガスがたくさんある。そのため、ライマン端より短波長側の紫外線が電離吸収で見えなくなるだけでなく、ライマン α 線（静止波長 121.6 ナノメートル）も水素原子の励起吸収で見えなくなる（水素原子はほとんどが基底状態にある。励起準位に押し上げる光子がくるとそれを吸収して励起に使われるため、銀河の外へ光子が逃げてこない現象をいう。たとえば 121.6 ナノメートルの波長を持つ光子は、基底準位から第 2 励起状態にするのに使われてしまう）。したがって

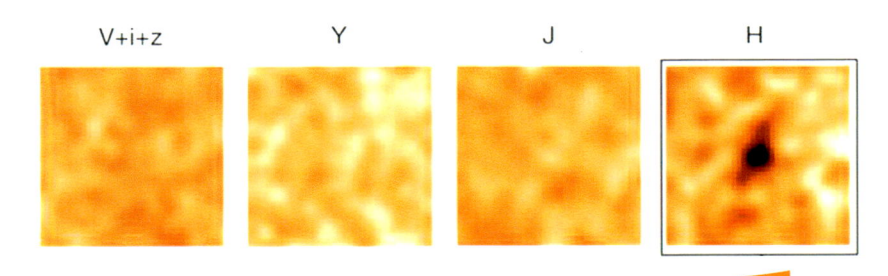

図 5-28
UDF で見つかった赤方偏移 $z = 10$ の銀河の候補（3 天体）
左の写真は可視光の V、i、および z バンドを足し合わせた画像。左から 2 番目、3 番目、4 番目はそれぞれ Y バンド（1.05 ミクロン）、J バンド（1.25 ミクロン）、H バンド（1.6 ミクロン）の画像。3 個の天体はいずれも H バンドでしか見えない（J ドロップアウト天体）。
(http://firstgalaxies.org/hudf09 より)

$$\lambda_{obs} / \lambda_0 = 1250 / 121.6 = 10.3 = 1 + z$$

の関係から、これらの銀河の赤方偏移は

$$z = 9.3$$

より大きいことがわかる。

　赤方偏移 $z = 10$ は132億光年彼方だ。宇宙誕生後、まだ5億年ほどしか経過していない。人類はついにここまで到達したのだ。

宇宙の一番星が誕生する様子

　ところで、UDFで発見された赤方偏移8の銀河の見かけの明るさを実現するには、宇宙の一番星が何個くらいできていないといけないのだろうか？

　この見積もりは、宇宙の一番星の質量にもよる。宇宙の一番星の質量はまだよくわかっていないが、太陽の1000倍の質量の星もできるという理論予測もある。ここではとりあえず、以下の2通りの場合について星の個数を与えておこう。

・太陽の100倍の質量の場合：　10万個必要　　　★

・太陽の500倍の質量の場合：　1万個必要　　　★

それほど多いわけではないことに気がつく。これも「UDFで発見された赤方偏移8の銀河では宇宙の一番星が生まれている」というアイデアの妥当性を支持してくれる要素だ。

　だが、現在のところ、銀河スケールで宇宙の一番星が数万個もできるような理論計算はされていない。現在調べられているのは、宇宙の一番星が1個できるケースだ。

宇宙の一番星は、この章の最初で述べたように、宇宙年齢が1億年ぐらいのときにできる。赤方偏移だと $z = 30$ だ。この時期までにダークマターの重力のおかげで成長してきた塊が、太陽の100万倍の質量を持つまでに成長する。そこに集められた原子物質からなるガスから宇宙の一番星が生まれるのだ。

ガスの質量は太陽の10万倍程度でしかない。一方、宇宙の一番星の質量は最大で太陽の1000倍にもなる。一般にガスから星になる効率はそれほど高くなく、だいたい1％のオーダーだ。したがって、太陽の10万倍の質量のガスから太陽の1000倍の質量の星が1個できればいいところなのだ。その様子が、図5-29に示されているので、ご覧いただきたい。

✦✦✦ 銀河はいつ生まれた？

宇宙の一番星の誕生は、銀河誕生をも意味する。宇宙の一番星は赤方偏移でいうと $z = 30$、宇宙年齢にして2億歳の頃に生まれたと考えられている。

一方、今まで見てきたように、私たちは宇宙年齢が5億歳の頃の銀河まで観測している。では、この5億歳の銀河はいつ生まれたのだろうか？ 5億歳の頃、突然ドカンと生まれたのだろうか？

銀河スケールで一挙に星ができることは、じつは難しい。そのため、もっと前から星をつくり続けている可能性のほうが高い。つまり、宇宙年齢5億歳の時点で発見された銀河は、もっと前に生まれたということだ。

2011年、ついにその考えが正しいことがわかった。またもや、ハッブル宇宙望遠鏡の観測が鍵になった。発見された銀河の赤方偏移は $z = 6$ である。127億光年彼方の銀河なので、宇宙年齢10億歳の頃の宇宙にある銀河だ。この銀河にある星々の年齢を調べてみると、なんと8億歳であることがわかったのだ（図5-30）。

つまりこの銀河は、宇宙年齢が2億歳の頃に星をつくりはじめたのだ。銀河の誕生は、やはり宇宙年齢が2億歳の頃なのかもしれない。

ただ、宇宙は均質ではない。ガス密度の高い場所もあれば、低い場所もあ

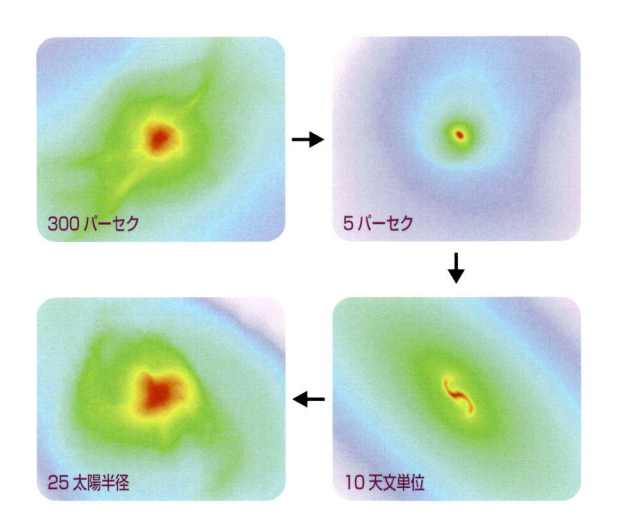

図 5-29
宇宙の一番星が生まれている様子
左上：300 パーセク程度の大きさの暗黒物質のハロー、右上：その中で 5 パーセクぐらいの大きさの冷たい分子ガス雲ができる、左下：宇宙の一番星ができている（スケールは太陽半径の 25 倍）、右下：太陽と地球の距離の 10 倍の距離の中にある分子ガス雲の様子。（吉田直紀提供の図を改変）

る。そのため、銀河の誕生は宇宙で一斉に起きたとは考えにくい。
　しかし、少なくとも宇宙年齢 2 億歳の頃、生まれた銀河があるということだ。是非とも、その現場を見たいものだ。

宇宙の一番星は見えるか？

　UDF で発見された赤方偏移 8 の銀河における星の誕生は、図 5-29 で見たような宇宙の一番星の形成とは異なる。なぜなら、UDF の銀河の質量は太陽の数億倍以上はあるからだ。そこで、数万個単位で宇宙の一番星と似た性質、つまり重元素をほとんど含んでいないガスから星が誕生している。そ

ういう状況を見ているのだ。

　私も、できることなら図 5-29 のシミュレーションに示されているような、完璧な宇宙の一番星を見てみたいと思う。読者のみなさんも同じ気持ちだろう。なぜなら、私たちは等しく

★

「宇宙の一番星見ぃつけた！」

と叫びたいからだ。

　では、完璧な宇宙の一番星は見えるのだろうか？　表 5-3 に宇宙の一番星が赤方偏移 30、20、そして 10 で生まれたときに観測される見かけの明るさを示した。紫外線の連続光（波長 150 ナノメートルを想定）が、どのぐらいの見かけの明るさで観測されるかが問題である。

　図 5-29 に示された一番星の場合は、一番星の個数 $N = 1$ のケースに相当する。見かけの等級を見てがく然とする。一番星の質量が仮に太陽の 500 倍だとしても、ざっと 40 等星にしか見えないのだ。質量が太陽の 100 倍の場合はもちろんさらに 2 等ほど暗い。

　UDF で発見された赤方偏移 8 の銀河の見かけの明るさは J バンド（波長 1.2 ミクロン

図 5-30
ハッブル宇宙望遠鏡で発見された赤方偏移 6 の銀河
この銀河の年齢は 8 億歳なので、宇宙年齢が 2 億歳の頃に生まれたことがわかった。ちなみにこの銀河は 2 つのイメージに分かれているが、画像全体に広がって見える銀河団 Abell 383 の重力場の影響で重力レンズ効果を受けているためである。
(NASA/ESA/J. Richard (CRAL)/J.P. Kneib (LAM)/Marc Postman（STScI)）

［μm］）で約28等級である。これがハッブル宇宙望遠鏡の限界なのだ。それより10等級以上暗い天体など逆立ちしても見ることはできない。5等級暗いと、光度は100分の1だから、10等級暗いというのは1万分の1の明るさしかない。いやはや、残念。あまりにも暗すぎる。

表5-3
宇宙の一番星の見かけの明るさ
（提供：谷口義明、塩谷泰広）

	一番星の質量	一番星の個数	生まれた赤方偏移		
	M（単位は太陽質量）	N	$z=10$	$z=20$	$z=30$
観測波長			$1.65\,\mu\mathrm{m}$	$3.15\,\mu\mathrm{m}$	$4.65\,\mu\mathrm{m}$
	500	1	**38.4**	**39.3**	**39.9**
	500	100	**33.4**	**34.3**	**34.9**
	500	10000	**28.4**	**29.4**	**29.9**
	100	1	**40.9**	**41.8**	**42.4**
	100	100	**35.9**	**36.8**	**37.4**
	100	10000	**30.9**	**31.8**	**32.4**

注）一番星の明るさ（等級）は太字で示されている。

宇宙の一番星は見えないのか？

では、人類は宇宙の一番星を永遠に見ることはできないのだろうか？ 図5-29に示したように、1個しか誕生しなかった場合、それは赤方偏移が10でも見えない。あまりにも暗すぎるのだ。

見える可能性があるとすれば、やはり数百個できているケースだ。この場合、見かけの等級は約35等級になる。これなら、見ることができるかもしれない。だが、現在人類が手にしている望遠鏡では無理だ。次世代の望遠鏡が必須になる。

その最先鋒はもちろんハッブル宇宙望遠鏡の後継機である、ジェームズ・ウェッブ宇宙望遠鏡だ（James Webb Space Telescope：JWST）。ここで、おやっと思われるだろう。

・ジェームズ・ウェッブって誰だ？

　確かに、私たち日本人にはなじみのない名前だろう。
　彼は、"人類、月へ！"のアポロ計画を推進したNASAの2代目の長官である。アメリカ人にとって、彼はヒーローなのだ。欧米のいろいろな波長帯の宇宙望遠鏡は、著名な天文学者の名前を冠することが多い。ハッブル宇宙望遠鏡がその代表例だ。ウェッブ氏のように、官僚の名前がついたミッションは私の記憶にない。調べてみると、確かにその通り。JWSTがじつは最初の例なのだ。

JWST

　JWSTはHSTを遥かにしのぐ性能を持った宇宙望遠鏡になる。何から何まで、新しいことずくめといっても過言ではないぐらい革新的だ。
　ともあれ、その姿を見ていただこう（図5-31）。HST（図4-1）とは似ても似つかぬ姿であることに気がつく。HSTの主鏡の口径は2.4メートルだが、JWSTの場合は6.5メートルだ。ところが、そんな大きな望遠鏡をロケットで打ち上げる技術は今のところない。そこで、考え出されたのがケック望遠鏡で採用されたモザイク・ミラー方式だ。18枚の分割ミラーで構成される主鏡（図5-32）は、軽量化を図るため、鏡材としてベリリウムが使われている。そのため、HSTの主鏡は1000キログラムもあったが、JWSTの主鏡は大型であるにもかかわらず625キログラムしかない。
　JWSTでは赤外線の観測にウェイトが置かれる。近赤外線のカメラと分光器、そして中間赤外線（波長5ミクロンから30ミクロン帯）の観測装置を搭載する。そのため、銀河系の星形成領域の詳細な研究から、宇宙の果て

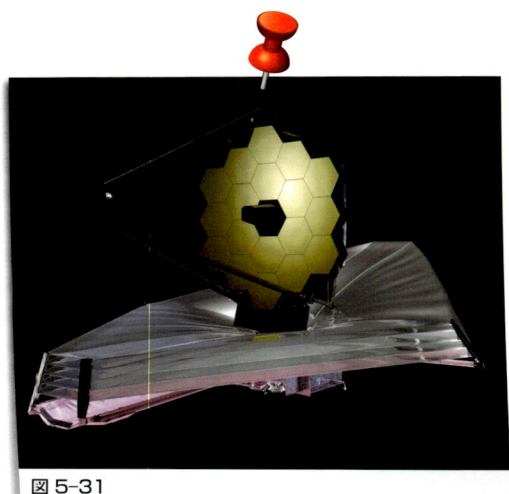

の銀河探査まで行うことができる。

　JWSTは2014年に打ち上げ予定だ。HSTは周回軌道を回りながら観測したがJWSTは違う。太陽と地球の重力がつくり出す、力学的に安定な場所であるラグランジュ点の1つであるL2点まで移動して、そこで定点観測する（図5-33）。そのため、故障したら、もう修理はできない。NASAとしては最低でも5年の運用を目指す。

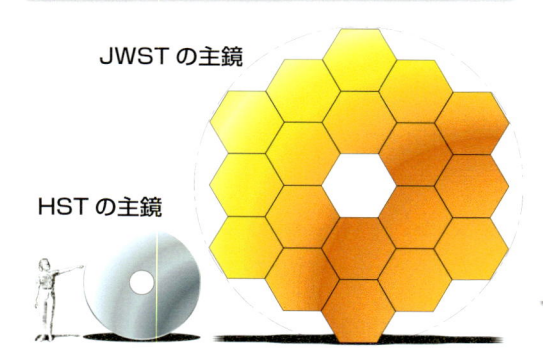

図5-31
JWSTの完成予想図　（NASA）

JWSTの主鏡

HSTの主鏡

表5-32
JWSTとHSTのミラーサイズの比較　（NASAによる図を改変）

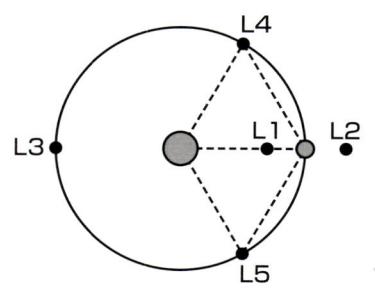

図5-33
ラグランジュポイント
太陽（中心の大きな灰色の丸）と地球（右側の灰色の丸）の重力の影響で力学的に安定な場所ができる（L1からL5）。それらの場所をラグランジュ点と呼ぶ。JWSTはその中のL2点に向かう。

TMT

　宇宙の一番星を追求できる、もう1つの可能性は地上に建設される超大型光学赤外線望遠鏡だ。口径は30メートル級になる。その名もズバリ、"30メートル望遠鏡（Thirty Meter Telescope：TMT；図5-34）。あのケック望遠鏡（図4-6）を運用しているカリフォルニア大学連合が牽引しているビッグプロジェクトだ。

　ケック望遠鏡では口径1.8メートルの鏡を36枚並べた構造だった（図4-7）。これでもすごい技術だったが、TMTはそれを遥かにしのぐ。口径1.44メートルの鏡をなんと、492枚も並べるのだ（図5-35）。これで有効口径が30メートルになる。ケック望遠鏡の技術を継承し、さらにパワーアップした戦略になっている。

　設置場所はすばる望遠鏡やケック望遠鏡のある、ハワイ島のマウナケア山に決まった。2018年の運用開始に向け、プロジェクトが始まっている。

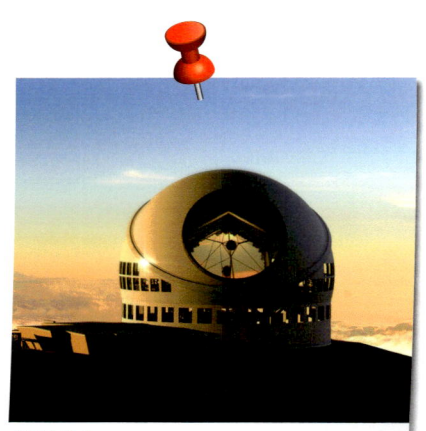

図 5-34
TMT の完成予想図
(TMT Observatory Corporation)

図 5-35
TMT のミラー（イラスト）
(TMT Observatory Corporation)

運命の分かれ道

　こうして、宇宙の一番星を探査する準備は着々と進められている。宇宙の一番星を探し出すのはJWSTだろうか？　それともTMTだろうか？

　表5-3を見て気がつくことは、宇宙の一番星の見かけの明るさが非常に暗いことだが、もう1つ観測できる波長帯が中間赤外線帯にシフトしつつあることだ。

　赤方偏移10の場合は、観測波長帯は1.6ミクロン帯（Hバンド）なので、地上でも十分対応できる。ところが、赤方偏移20と30の場合は、観測波長帯はそれぞれ3.2ミクロンと4.7ミクロン帯になる。波長2.3ミクロンを超えると、地上での赤外線観測は急速に難しくなる。地球大気の吸収の影響が深刻になるのと、望遠鏡や観測装置などから放射される熱雑音影響も出るからだ。そのため、赤方偏移20以上の銀河を調べるにはJWSTのほうが圧倒的によい。まとめると次のようになる。

・赤方偏移10までならTMT

・赤方偏移30まで行きたければJWST

明日に向かって走れ

　10年後、私たちは

「宇宙の一番星見いつけた！」

と叫んでいることができるだろうか。

　JWSTや口径30メートル級の地上大型光学赤外線望遠鏡。これらの準備は進められている。

　細菌学の父、ルイ・パスツールは興味深い言葉を残している。

★

"発見という幸運は準備された心に宿る" と

　だが、宇宙の探求をしていると他にも要素があるように感じる。それは、運だ！　運の弱い人は、発見に恵まれない。これも、常だ。では、私たちにできることは何だろう？　考えてみれば、運のあるなしを考えて研究などできるものではない。

　進もうではないか。宇宙の一番星を探しに。

★

完

追 記

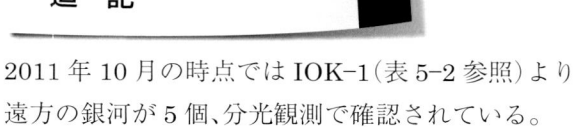

2011年10月の時点ではIOK-1（表5-2参照）より遠方の銀河が5個、分光観測で確認されている。

名前	赤方偏移
GN–108036	7.213
BDF–3299	7.109
A1703zD6	7.045
BDF–521	7.008
G2–1408	6.972

索　引

★ 人名

アインシュタイン 79
イリングワース，ギャレス 118
ウィリアムス，ロバート 110
ウェッブ，ジェームズ 143
カウイ，レン 100
カーティス，ヒーバー 30
ガモフ，ジョージ 73
ガリレイ，ガリレオ 21
グース，アラン 79
コルメンディ，ジョン 59
サージェント，ウォル 106
佐藤勝彦 79
シャプレイ，ハーロー 30
シュタイデル，チャック 106
スピンラッド，ハイロン 102
ハーシェル，ウィリアム 26
パスツール，ルイ 146
ハッブル，エドウィン 32, 43, 68
パートリッジ，ブルース 94
ピーブルス，ジム 94
ビレンケン，アレキサンドル 79
フー，エスター 99
ホイル，フレッド 74
ランツェッタ，ケニス 111

★ 欧字

CCD カメラ 60
COBE 75
HDF 110
HST 61, 110
Hα 輝線 13
JWST 143
2 MASS 34
SDF 104
Suprime-Cam 104
TMT 145
UDF 113
VLT 66
WMAP 75

★ かな

あ

暗黒エネルギー 83
暗黒星雲 14, 26
暗黒物質 82, 121
アンドロメダ銀河 32, 38

い

イーグル（鷲）星雲 15
一般相対性理論 77, 79
インフレーション 79, 90

う

ウィルキンソンマイクロ波背景放射異方性
　探査機 75

150　索引

あ
渦巻銀河　45
渦巻星雲　28
宇宙再電離　123
宇宙の暗黒時代　91
宇宙膨張率　71
宇宙マイクロ波背景放射　75
宇宙マイクロ波背景放射探査機　75

え
円盤銀河　45

お
オリオン大星雲　12, 13, 127

か
ガス星雲　14

き
狭帯域フィルター　101
局所銀河群　50
銀河群　50
銀河団　51, 83

く
クェーサー　106

け
ケック望遠鏡　63, 145

こ
光年　5

さ
再結合　122
再結合線　13, 95
撮像観測　104

し
ジェミニ望遠鏡　67
ジェームズ・ウェッブ宇宙望遠鏡　143
自己重力　9, 18
衝突電離　125

す
スターバースト　130
スーパーウインド　130
すばるディープフィールド　104
すばる望遠鏡　64, 103
スプリーム・カム　104
スペクトル観測　104
スペースシャトル　115

せ
赤方偏移　97
絶対等級　23

そ
相互作用銀河　49

た
楕円銀河　45
ダークエイジ　91
ダークマターハロー　90
ダスト　14, 34

ち
超新星爆発　129
塵粒子　14, 34

て
電離吸収　119, 127, 137
電離光子　127

と
ドロップアウト　109

ね

熱核融合 7

は

ハイパーウインド 131
パーセク 5
ハッブル宇宙望遠鏡 56, 61, 110,
ハッブル・ウルトラ・ディープ・フィールド
　　56, 113
ハッブル時間 73
ハッブル定数 71
ハッブル・ディープ・フィールド 110
ハッブル分類 43
馬頭星雲 14
バリオン 82

ひ

光電離 125
ビッグバン宇宙論 73
ビッグバン元素合成 134
ビッグ・フリーズ 86

ふ

プラズマ 74
分光観測 104
分子ガス雲 13, 14

み

見かけの等級 23
2ミクロン帯全天サーベイ 34

ら

ライマンα輝線 95
ライマンα輝線銀河 99
ライマンαブロップ 130
ライマン端 107
ライマン・ブレーク 105, 107
ライマン・ブレーク銀河 107
ライマン・ブレーク法 107

り

量子揺らぎ 76, 90

著者紹介

谷口　義明（たにぐち・よしあき）

愛媛大学宇宙進化研究センター・所長、教授。東北大学にて理学博士号取得。日本学術振興会一般研究員、同特別研究員、東京大学東京天文台助手、東京大学理学部天文学研究センター助手、東北大学大学院理学研究科助教授、愛媛大学大学院理工学研究科教授を経て、2007年より現職。専門は宇宙物理学で銀河、巨大ブラックホール、暗黒物質、宇宙の大規模構造などの研究を行っている。誕生まもない銀河の発見、暗黒物質の3次元地図作製など、研究論文数は約300編。『宇宙進化の謎』（単著、講談社ブルーバックス、2011年）、『4％の宇宙─宇宙の96％を支配する"見えない物質"と"見えないエネルギー"の正体に迫る』（翻訳、ソフトバンククリエイティブ、2011年）など著書多数。

宇宙の「一番星」を探して
――宇宙最初の星はいつどのように誕生したのか――

平成 23 年 11 月 30 日　発　　　行
平成 24 年 9 月 20 日　第 2 刷発行

著作者　　谷　口　義　明

発行者　　池　田　和　博

発行所　　丸善出版株式会社
〒101-0051 東京都千代田区神田神保町二丁目17番
編集：電話（03）3512-3265／FAX（03）3512-3272
営業：電話（03）3512-3256／FAX（03）3512-3270
http://pub.maruzen.co.jp/

©Yoshiaki Taniguchi, 2011

組版・イラスト／斉藤綾一
印刷／富士美術印刷株式会社　製本／株式会社 松岳社
ISBN 978-4-621-08476-2　C 0044　　　Printed in Japan

JCOPY〈(社)出版者著作権管理機構　委託出版物〉
本書の無断複写は著作権法上での例外を除き禁じられています。複写される場合は、そのつど事前に、(社)出版者著作権管理機構（電話03-3513-6969、FAX 03-3513-6979、e-mail：info@jcopy.or.jp）の許諾を得てください。